U0142210

AN
VERY
ILLUSTRATED
SPECIAL
GUIDE
RELATIVITY

ANDER BAIS 著
傅寬裕 譯

圖解
愛因斯坦相對論

衡量生命的價值是品質而非
數量。正如在自然界裡，全體的
表徵更能代表自然本質，而非以
一概全。

Albert Einstein

圖解愛因斯坦相對論

VERY SPECIAL RELATIVITY
An illustrated guide

Sander Bais

五南圖書出版公司 印行

感謝辭

　　我必須感謝東京大學湯川理論物理學院給予我的親切款待及啓發式的討論，此書的一部分在那兒完成；Jan Bais、Bernd Schroers 與 Joost Slingerland 細心的評語及建議；與 Gerard t'Hooft 的序。我感謝 Gijs Klunder 製作令人賞心悦目的圖解及 Laura van der Noort 的相助。我同時要感激阿姆斯特丹大學出版社工作人員在編輯出版過程中的引導與耐心。最後，但並非次要的，是幾年來，不斷以好奇、不相信及無法招架的邏輯，對我投擲問題，同時也可説是教導我特殊相對論是如何精采的學生。

Sander Bais

序

Gerard 't Hooft

1999 年物理學諾貝爾獎得主

　　沒有其他的智慧英雄比愛因斯坦發表的特殊與一般相對論更能激發我們的想像力。不僅物理學家為這些人類心靈的美麗結構所迷惑，甚至年輕的學生及一般大眾也是如此。即使在愛因斯坦時代，他的精湛觀點已經聞名天下。正因為如此，以至於愛因斯坦本人有一次還嘲弄地說：「我不是什麼愛因斯坦……！」這種現象造成的結果是，我們今天的物理學家從人們收到無數宣稱「改進」或「反證」他的理論的信函，自以為他們比愛因斯坦更聰明。

　　然而，科學是以另一種方法在進展。我們並不更換理論，我們擴展它們。科學的一個主要元素是我們同時加以簡化。一度看起來複雜的，現在變成簡單而直截了當，而這也是發生在特殊相對論的事。從某種意義來看，它只是幾何學。如果作一點比較，三角形、圓及錐體的歐式幾何（Euclidean geometry）很簡單，容易瞭解，以至於可在中學裡被教授。特殊相對論只不過是時間與空間的幾何學。只要在歐式幾何中，加進時鐘，就是了！喔，也還不盡然──因為光線有些奇怪，使時空幾何變得有點與直覺衝突，而要從我們的心裡透視這衝突需要一點練習。

　　很多有關特殊相對論的通俗論述都用文字，不用圖案及公式。有人認為這會讓事情比較簡單：對於不熟悉數學與幾何的人們應該比較容易瞭解文字，而不是方程式。但這並不一定正確。當圖案及方程式被隱藏起來，談論相對論變得更加困難。所以，Sander Bais 巧妙地利用幾何圖案，提出針對非專家、大眾、年輕學生解說的極佳創意，其結果是這本精彩的小書。只要瞭解如何看圖，特殊相對論的全部就變得美麗般的清晰。你只要一瞥，就會知道這樣的理論不需要「改進」或「反證」。它就像歐式幾何

對古代希臘人般有用；其實，兩者直到今天都一樣。放進圖畫中的特殊相對論，假如你曾發現玩三角形、圓及立方體，十分有趣，則你一定會欣悅於你在本書所將看到的曼妙表達。

獻給孩子、我的父親及維拉

目錄

不會吧！不會又是另一本特殊相對論[①]的書！我的時鐘慢了嗎？剛過完 1905「奇蹟年」——當年輕的愛因斯坦將整個物理學帶入大混亂時——之後的第一個百年紀念沒多久，還需要這樣一本書嗎？

俗話說「聰明的人知道所有正確的答案，但是睿智的人之所以能夠更勝一籌，在於他或她知道如何詢問正確的問題。」特殊相對論是如此的光彩奪目，基本上就因問對了問題。你所即將面對的是兩篇影響所有物理學最深遠的論文內容，它們撼動了空間、時間、質量及能量的古典觀念：「論運動物體的電動力學」，與「物體慣性與它的能量內容有關嗎？」從一開始，如何以最簡單的語言來描述相對論就一直是個挑戰。這也是我在此書嘗試要做的。

這本書是一本描述相對論如何運作的使用者手冊；目標是針對十分好奇、稍具基礎科學及基本中學數學（特別是幾何）知識，又願意親自動手的讀者們。以悠遊的心情來欣賞此書比什麼都更重要。我利用「非常特殊的」方法，容易遵循、按部就班的時空圖，試著使理論的內容更易親近。因為圖像本身常能自我解說，也易於在記憶中留存，而數學推演可能冗繁，也容易忘記，所以我選擇以這種特殊的幾何法進入。畢竟，「能成就為一首動聽樂曲者在於其中擁有繽紛燦爛的音符。」

我們以解釋理論中的一些基本要素，譬如事件、參考系、慣性觀測者與世界線的觀念等，開始我們的旅程。接著，我們將分析幾個熟知的詭論，以及對它們的解套，這包括同時性、因果

譯註[①] 中文譯名通常為狹義相對論。但原文借 special 一字語意雙關地用在書名，並橫跨全書，故用特殊特相對論的譯名以做配合。

律、時間延緩、空間收縮及宇宙有一最大速度的簡單事實。這些例子，點出相對論與人們直覺衝撞的特性。在幾何學的間奏之後，我們將進入能量與動量的觀念，最後以 $E = mc^2$ 的偉大公式收尾。這個式子將質量與能量等價的深刻內容表示出來。我們甚至還會超越特殊相對論的範疇，探討加速觀測者所經驗到的地平線[②]世界。在那兒，我們將對愛因斯坦在發表特殊相對論後大約十年完成的一般相對論作出驚鴻一瞥。我們以整體物理學的大背景中，就愛因斯坦的成就應放在什麼位置做成結論。

現在讓我們開始工作。我希望你在研習這些章節時，將獲得像我在編寫它們時得到的諸多樂趣。爲了激勵你，我會在每章起頭，引用一句愛因斯坦說過的哲理名言。

Sander Bais
阿姆斯特丹，2007

譯註[②] horizon，意指在一般相對論中，使所有事件對觀測者消失的界線。

1. 基本要素

好奇心能在傳統模式的教育中倖存是個奇蹟。

空間 + 時間 = 時空

空間和時間與我們同在；我們在空間和時間中移動。它們構成展開我們生命的舞台。然而，它們觸摸不到，經由讓我們獲知物體進行的感覺，間接地去體驗它們。觀看不同距離的物體給了我們空間的體認，而觀察改變讓我們產生時間的觀念。星星、高爾夫球及狗狗不停地移動，我們的理解是，空間和時間是連續的。我們並非活在一個不斷旋轉閃爍，像跳迪斯可舞的世界。

從很多方面來看，空間和時間的觀念基本上是不同的。我們不能回到過去，與它糾纏，而未來也同樣地遙不可及。我們的活動被限制在二者之間短暫的交界——現在。在空間中，我們於任一瞬間，只能存於一地（雖然很多人試著否定此基本定律）。不過，我們可以選擇從一地點移動到另一地點，或者停留同一定點。時間以時鐘測量，而空間以米尺量度，二者是完全不同的儀器。

這些事實不能阻擋我們以簡化的圖案來代表空間和時間的想法；顯示在右邊的是一具有空間和時間座標的地圖。用專家的術語，這叫做明可斯基圖（Minkowski diagram）；它並非世界地圖，而是描寫世界在如何變化的觀念性地圖。這是一本討論這種時空地圖是什麼意思，以及它們從不同觀測者的觀點看起來像什麼的書。

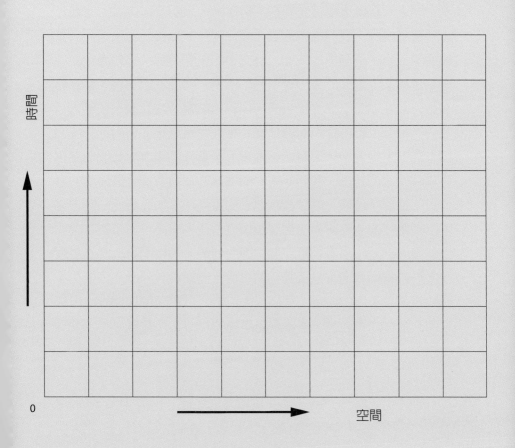

時間

0 空間

事件

　　我們只畫出空間和時間的一小塊；你應該將空間和時間想成可以在圖上沿兩方向延展到無窮遠的平面。這意思是說，三度空間——高、深與寬——被簡化爲一度空間軸，我們只能討論在一度空間上，很像火車被限制在其軌道上，只能前進後退的運動。

　　用時空圖，我們能做什麼？點、線、曲線及範圍又是代表什麼？讓我們從最簡單的成分，時空中的一點說起。它對應什麼？一點定義某一瞬間的某一特別的位置。它代表一個事件。你正好在該時該處擊掌！你掉了東西，你執槍射擊，或你撞上了某人。我們的時空世界密密麻麻地佈滿了事件；這些事件，對應於我們圖上的點。換個說法，時空是所有可能事件的集合。我們看到事件以時間連接起來。我們不將一顆網球的運動視爲一群分離的事件，而是順序連續，而被稱爲運動的事件。事物在我們的時空圖上沿著路徑或曲線移動。相同圖像可以代表幾乎任何事物在時間上的發展。假如那事物是一個公司的利潤，則時間將放在水平橫向，沿鉛垂軸者通常是百萬元的單位，而以負數部份代表損失。要檢視國家人口的演變，我們以人口數目沿鉛垂軸做曲線。但在更深入這些曲線之前，讓我且對事物的尺寸交代數語。

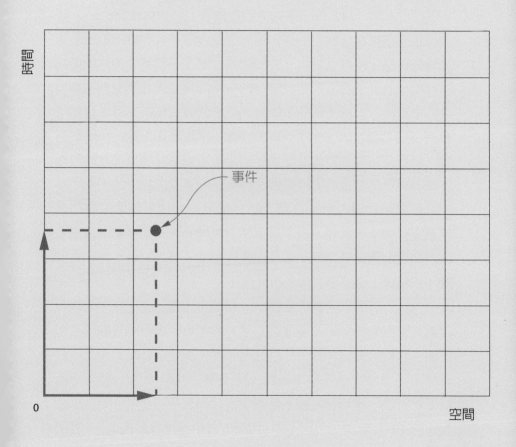

設定尺寸

我們畫出了水平與垂直線構成的時空方格網。這方格網提供我們一個座標系統、參考系，使我們對個別事件能方便地貼上顯示何處何時發生的標籤。這就像城市地圖上的方格，讓你找出自己在空間的位置。你可以想到下棋者的說法：他們用座標，譬如——「e2」到「e4」——描述他們在棋盤上所作的移動。

這方格網在各軸之上有一定的尺寸或單位。在城市地圖上，通常以每格半哩標示兩軸。在國家的地圖上，這單位也許就變成一百哩左右。現在我們要設定沿時空軸的尺寸，我們應該選擇方便的度量，以至於相關的事項對我們來講變得鮮明而清晰可見。我們即將討論的現象與距離對時間的相關比例有關——換句話說，與單位時間的距離（即速度的定義）有關。所以，在時空軸之間的相對尺度是用與特殊相對論有關的速度來設定的。

我們將知道這並非我們人類日常慣用的速度指標，例如每秒幾米或每小時數哩。也不是車子、飛機的速率或音速——不，我們選用的是十分獨特，並且我們將知道，又甚至是宇宙性的速度：即傳統上以字母 c 代表的光速。

光速有何特殊之處？事實上，最初無人體認到它有任何特殊之處，直到愛因斯坦才覺察到它是一個宇宙性的自然常數。在那之前，我們只知道，就像其他速度一樣，光速是有限的。大約在 1850 年，法國物理學家 Fizeau（見 19 頁的圖）利用一個精巧而簡單的方法，定出它的值。他發現光速非常接近每秒 300,000 公里。自 1983 年 10 月 21 日起，因為 c 反倒被用來定義米，c 被確定為正好每秒 299,792,458 米。這當然是一個巨大的數目，可解釋我們為何基本上視之為無窮大的原因；假如我們打開燈，似乎室內「立即」充滿了光。但那是幻覺，因為光須從燈泡傳播到牆

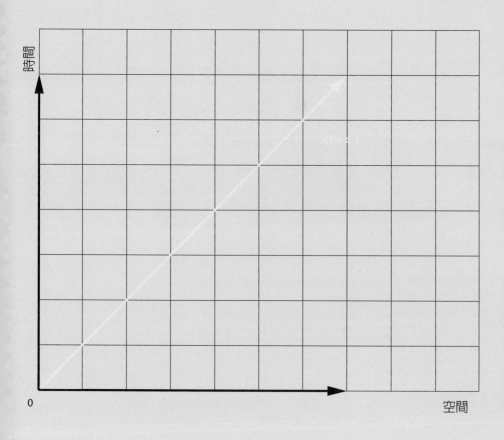

時間

0　　　　　　　　　　　　　　　　　　　　　　　　　　　　　空間

壁，其所需時間小於百萬分之一秒，從日常經驗，「立即」因此並不是太過份的近似說法。

我們設定時空圖的尺寸如上頁。假設我們以一秒作爲沿時間軸的單位，則我們以一秒光行走的距離作爲沿空間軸的單位。現在，如果我們沿空間，或 x- 方向，發出一光脈波（或甚至更好的說法，一光子，單一的光量子），它將在我們的時空地圖上走出如圖上黃色箭頭的路徑。我們可將此路徑寫爲 $x(t) = ct$，轉成白話文的說法是：在時間 t 的 x 等於 c 乘 t。假如 $t = 1$（秒），則 $x = c$（公里），假如 $t = 4.5$（秒），則 $x = 4.5\ c$（公里）等。因爲 $w = ct$ 的結合會經常用到，從這裡開始我們就定義 w 爲時間座標，用 w 代替 t。注意：如物體以常速移動，它會在圖上走出一道直線，因爲兩倍的時間將走兩倍的距離。而且我們也將知道該直線的斜率正好決定速度。

腦力激盪題：1. 持續一秒的光脈波在圖上應該像什麼樣子？
　　　　　　　2. 畫出一向左移動的光子行進線。

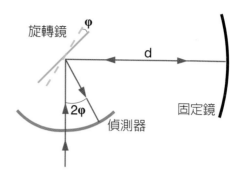

旋轉鏡 φ

d

2φ

固定鏡

偵測器

測量光速

　　歷史上首次測定光速的建議應回溯歸功給 1629 年荷蘭人
Issac Beechman [1]。 Ole Romer [2] 於 1676 年，首度利用天文觀
測，定量地決定出光速。法國物理學家 Fizeau [3] 以及後來的
Foucault [4] 在大約 1850 年，第一次執行純粹在地球上測量光速
的實驗。典型的實驗設計如圖所示。光束被一以每秒旋轉 ω 角
度的角速度的鏡子反射。在行走過固定距離 d（在最原始的實驗
裡，大約為 10 哩）之後，光束又經一固定鏡子反射回來。當在
經 Δt 時間後，光束回到旋轉的鏡子，後者已作了 $\varphi = \omega \Delta t$ 角度
的旋轉，因此再反射的光束應有 2φ 角度的偏折。測量此角度，
光速就可從 $c = 2d/\Delta t = 2\,d\omega/\varphi$ 算出。

　　在 1886 年，於相對論提出之前，Michelson [5] 與 Morley [6] 兩
人主導一個有關光的重要實驗，證明光速與其行走的方向無關。
這結果意味以太——宇宙背景中的流體——的不存在，這與我們
即將討論的特殊相對論其中的一個基本假設完全吻合。

譯註 [1] 荷蘭哲學家與科學家，有人譽為近代天文學之父。
　　　 [2] 丹麥天文學家。
　　　 [3] Hippolyte Fizau，1819-1896，法國物理學家。
　　　 [4] Jean Foucault，1819-1868，法國物理學家。
　　　 [5] Albert Michelson，1852-1931，德裔美國物理學家。
　　　 [6] Edward Morley，1838-1923，美國物理／化學家。

世界線

　　我們前面提到物體在時空中會勾繪出連續的路徑或曲線。路徑，這個詞令人強烈地聯想到經過森林或都市，或經過太空的路徑。因此，當我們談到經過時空的路徑時，習慣上將其稱爲世界線。在圖中，我們畫出不同的世界線。它們都從 $x = 0$ 的點，於零時間（稱爲原點；此點並無附加深意，並非時空起源於此，而只是在我們的座標系中任意選擇的一參考點）出發。當然，這些世界線在時間上都向前進，這反映在它們都絕無下彎的事實。

　　首先，觀看與時間軸重合的黑箭線。它不過描繪坐在 $x = 0$ 永遠靜止不動的某人或某物。黃箭線是我們熟悉的光脈波或光子的世界線，其他直線則對應於以常速度移動的物體；因爲它們行走的距離總是正比於所花費的時間，故爲常速度。紅箭線是以 $v = 3/4\ c$ 速度行進的某人，因爲在任一時間點，他都走過在同時段內光脈波走過的 3/4 距離。在 $t = 4$ 時，這點特別清楚，因在那兒，紅旅者移動了三格的距離單位，而光脈波則移動了四格的距離單位。以同樣的推理，我們可以推論綠旅者（稱之爲「幽靈」）必以二倍光速旅行。最後，有一道搖擺的藍線。它描繪以變化速度往返移動的旅者。你可以看到，她既加速，又減速。在任一瞬間，她的速度由該瞬間的世界線作切線的斜率所求得。所以，世界線提供了旅者行走的歷史之精確說明。

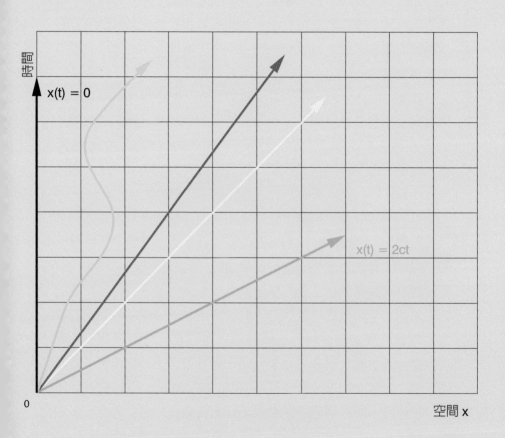

假設

　　我們真正要知道的是愛因斯坦將帶我們到何處。因此我將呈現給你事實的直接陳述，而非它如何產生，以及當年的科學家在他們能夠接納並信服於它的深厚意義之前，經歷過怎樣深沉辯論的冗長故事。此書不是一本傳記，只是要用「DIY」的方式將真義傳達給你。在我們的報告中，我們將教條式地，緊緊黏貼於時空圖案的語言之上。這樣的演練容許你去處理一些沿著你的世界線定然會產生的問題，並摸索圖案自行回答。

　　在起始點，我們將用到最少量的公式，並從那兒拓展我們對相對論整體意義以及為何它是如此特殊，同時令人震驚的瞭解。這基本上意味著我們將從愛因斯坦結束他特殊相對論的地方出發。他很有效率地以兩個假設，兩個關於自然的基本假設，概括理論作結。

　　第一個假設考慮兩個以常速度相對運行的參考系，或觀測者（的群體）。這類參考系稱為慣性參考系。這就是所以「特殊」的意義：沒有加速度，只有相對常速度。假設接著說；假如那些不同觀測者都各自在所屬的參考系上作實驗，他們將發現相同的物理定律（假如他們夠聰明）；他們將推導出描述運動、萬有引力、電磁現象以及其他力定律的相同方程式。這看來並不太令人擔憂，不是嗎？它看來完全合理，而且事實上，愛因斯坦並非提出這樣陳述的第一人。伽利略（Galileo Galilei）在早約三百年前，在他的《關於兩個主要世界系統的對話錄》裡，考慮「魚與船」時，也作出相同的見解：

對所有以常速度相對運動的觀測者，下述假設成立

1. 物理定律皆同。
2. 眞空中的光速皆同。

「閉嘴…在某大船甲板下的主艙內…拿個有魚的盛水的大碗…當船不動…魚漠不關心地四處亂游…當你仔細地觀察這些事情…讓船以你喜歡的速度前行…只要船的移動是穩定的，不這樣及那樣的波動…你將發現一絲也沒有改變…你說不出…船是靜止或移動。」

後面我們會發現，假如我們以不同的參考系聚焦來看，嚴格地分析牛頓力學與馬克士威爾（Maxwell）[①]方程式所表示的電磁學之間有什麼異同，愛因斯坦的假設遠不如其表面詞彙上的直截了當。

第二個假設，在真空（即空無一物的空間——不是有各種複雜交互作用的某種介質）中的光速，對所有以常速度相對運行的參考系而言，都是相同的。稍加思考，這是奇怪的。它違背我們的直覺，也因此違背了牛頓的理論。假如我以每小時 10 哩騎自行車，同時以每小時 15 哩的速度向前丟出一顆糖給我的妻子，則我妻子站在人行道上接下糖，她會說接到的速度是 10 + 15 = 25 哩／時。我們高興地互相同意，因為事情本就該如此。對不起，讓我更精確些，應該說過去事情本就該如此……。

假如我坐在以一半光速，$v = 1/2\,c$，運行的火車上，用我的雷射手電筒向很遠站上的夥伴發出一短脈波。當然，此脈波相對於我，以光速進行。從我們前面直覺的推論，我們自然期待在月台的夥伴，如果她測量脈波速度的話，會發現 $u = c + 1/2\,c = 3/2\,c$ 的答案。但是愛因斯坦跑過來粗率地說：「非也，她也會測到

譯註[①] James Clark Maxwell，1831-1879，英國物理學家及數學家。

$u = c$。」這真的很奇怪,至少強烈違背我們的直覺。

　　這怎麼可能?怎麼可能這樣簡單的邏輯變成不正確?這也是當時大部份物理學家的反應。假如愛因斯坦是對的,那我們就要付出昂貴的代價——而確實就是這樣。你知道,速度是距離(空間)除以時間,要讓所有觀測者的光速相等,我們必須在感覺意識上更深入,在最基礎的層次上,重新複習我們對時間與空間的觀念。這就是我們要面對的。要打敗偏見是困難的,我們必須在一些圖案上作功課,以自我排除十分頑固而錯誤的直覺。

2. 同時的相對性

全部科學不會比每日思維的淬煉還多。

參考系

　　首先，我們要知道所有相對靜止的不同觀測者如何建立起參考系或座標系統。事實上，這種參考系對應於許多沒有相對運動的靜止「觀測者」，譬如坐在行走的火車內的乘客們或站在月台的人們。他們都有時鐘和米尺，而且如我們要求他們作測量，總是溫順地配合，也非常願意服從地將他們的發現向我們報告。他們是完美的部屬。

　　我們從兩位給了一模一樣時鐘和米尺的觀測者開始。他們在圖中以兩道黑箭線代表：顯然他們靜止不動而且分開有一段（大）距離。他們要調整他們的時間，以確定他們能合理地共享時間測量的結果。他們應該如何進行？其步驟描寫在下圖。

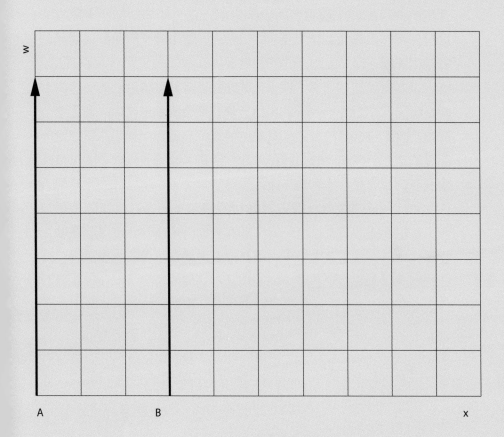

W

A   B   x

時鐘的調整

　　最好將調整時鐘想成一個實際的物理實驗。在後面幾章，我們將經常碰到理論上完全合理，但在實際生活上難以執行的「想像實驗（thought experiments）」[①]。在此，愛因斯坦給了一完全合理的簡單配方：觀測者阿波羅送出一道光訊號給觀測者巴克思，後者量出到達的時間為 $w_B = w_1$，同時用鏡子將訊號反射回去給阿波羅，他量出到達的時間為 $w_A = w_2$。

　　現在對阿波羅而言，與 w_1 同時的是當光訊號送出與到達的中點瞬間，亦即 $w_1 = 1/2\ w_2$。這並無任何令人驚奇之處，因為這從我們畫的方格網已經可以得知。而且，因為我們知道訊號往返所需的全部時間正比於二觀測者間的距離，整個方格網內的大批觀測者可適用此方法調整時鐘。

　　然而，注意：為一群相對靜止的觀測者而存在的同時性觀念，並不意味他們會在同一時間觀測到同時的事件。應該將訊號從事件到不同觀測者應行走的不同時間考慮進去。這意思是說已經時間同步化的觀測者可以記下相當不一樣的時間，但在經訊號行走時間修正之後，他們都將對事件提供相同的時刻。

　　譯註[①] 愛因斯坦喜歡以所謂想像實驗說明或推演他的物理理論。

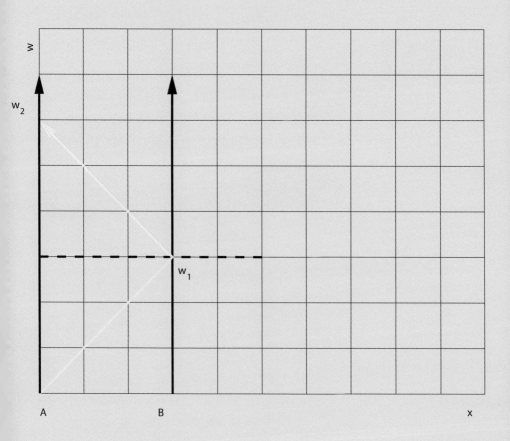

運動參考系

在建立一類參考系之後，我們將以同一配方炮製到另一種屬於一群以相同（非零）速度運動之觀測者的慣性參考系。加速或轉動的參考系並非慣性參考系，因為速度不是常數——即使綁在繩子末端的球以固定圓形軌道旋轉也不是，因為速度的方向連續地在改變。對於這類情況，相對論假設不成立。這也是為何亞諾與布瑞特尼的紅世界線必須為直線的原因。他們要遵循愛因斯坦的方法調整他的時鐘，建立紅色參考系。

所以，亞諾與布瑞特尼做相同的實驗。當我們將之描繪在圖上時，我們必須堅守愛因斯坦的第二個對所有觀測者而言，光速都一樣的假設。這意思是說，從運動觀測者亞諾與布瑞特尼發出的光的世界線，與靜止參考系的相同，在時空圖上有同樣的角度（45度，如下圖所示）。

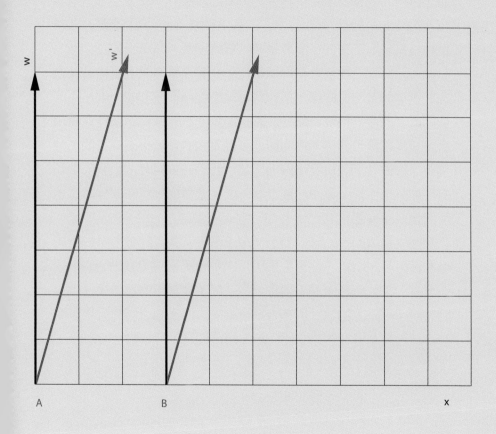

w

w'

A

B

x

31

同時的相對性

亞諾在零時送出光訊號，布瑞特尼在時間 $w'_B = w'_1$ 收到，並反射訊號回去，而亞諾在 $w'_A = w'_2$ 歡迎訊號回來。要發現在亞諾的世界線上什麼時間與 w'_1 一致，我們必須引用同一邏輯，導致中點時間：$w'_A = 1/2\ w'_2$ 的結果。不錯，我們應用如阿波羅和巴克思相同的步驟，因而作法與「相對性」原則一致。

然而，奇特的事情發生了，如我們注意一下紅虛線，它就顯而易見。這些線在紅參考系中，根據定義，就是「等時」線：它們連結對紅色觀測者同時的事件。我們還可以說，這些是紅色人們賴以測量距離的線，而經過原點的虛線不是別的，就是新的空間或 $x'-$ 軸（上標一撇代表屬於紅參考系所有）。某種意義來看，長度就蘊含著同時性的觀念。假如我們要量桌子的長度，我們將尺放置其上，而要正確地測量，我們必須同時讀出桌子兩端的尺度——否則，桌子（或尺）可能在讀兩端尺度之間移動了，而測量就沒有意義。

圖中描述的令人驚訝的是，靜止參考系與運動參考系的空間軸並不平行，所以，在黑色系中以水平線連結同時發生的事，一般而言，在紅色系中並不同時。從這兒學到重要的第一課是：同時性或「等時」的觀念與參考系有關。二件事是否同時發生，端視那一組觀測者在觀察它們而定。同時性是一種相對性的觀念。

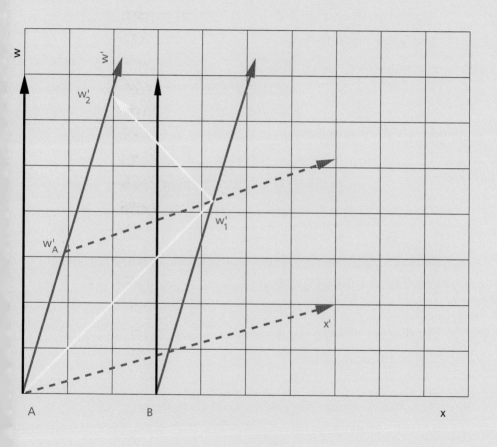

一種時空，多種慣性參考系

　　我們走到這樣的圖案：時空可覆蓋以各式種類的格子，但對黑參考系作相對運動的慣性參考系格子是傾斜的，如圖中的紅格所示。我們看到兩個（運動的時間與空間）新軸與舊軸的夾角相等，而它們與光訊號世界線的夾角亦同。因此，在光訊號世界線上的點沿 x'- 與 w'- 軸的分量也相等。我們現在還不想為怎麼在傾斜軸設定尺寸的問題煩惱。

　　但現在我們看到什麼事發生了：由於愛因斯坦的第二個假設，我們失去了空間與時間的絕對區隔！它們之間的關係與運動者的速度有關，所以，較好的辦法是用對所有觀測者都相同的整體來稱呼，不是空間或時間，而是時空。

　　不過只用定性的討論，我們就能獲得這些相當驚奇的內涵，真是令人滿意。但即使如此，此時加進有關紅格子角度與斜率的一些定量的註解應是不錯時機。假如紅旅者以速度 v 行進，在 t 時內，旅行了 $x = vt$ 的距離。與前面提過的 $w = ct$ 合起來，得出 $x = vw/c$。 這結果可改寫成 $x/w = v/c$，根據定義，這正是在 w- 軸及 w'- 軸間夾角的正切函數（tangent）。這相對速度參數 v/c，通常標示為 β，將在此後本書中被廣泛地引用。作為二速度的比例，β 沒有物理單位，只是一純數。同時注意：x- 軸及 x'- 軸間夾角的正切函數亦為 β。

> **腦力激盪題**：圖顯示靜止參考系相當特殊。繪出另一黑格及紅格圖，圖中紅格為方格。

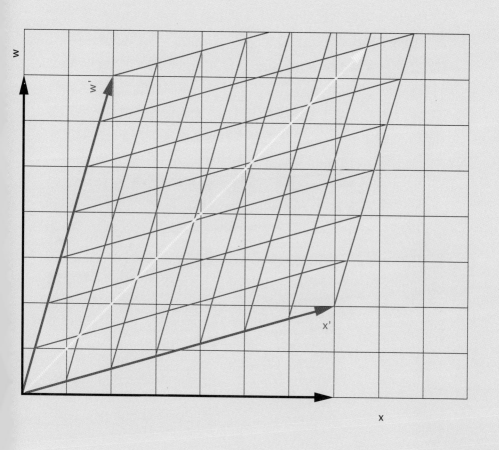

什麼是新的？

　　這種空間與時間結構的改變是如此的重要，以至於在討論更多影響之前，我們應沉靜下來，休息一下，與牛頓理論，或者我應該說「心參考系」，再作一比較。爲便於清晰分辨，對於非相對性的圖，我將一直套上灰色的背景。我們知道靜止參考系看起來相同，而在這種參考系中，代表紅旅者與光脈波的也無不同。依據牛頓所說，光脈波無任何特殊之處：假如運動的亞諾閃爍他的雷射光筆，訊號相對於他，以光速 c 移動，但相對於靜止的觀測者，訊號以光速 $c' = c + v$ 移動。圖中以第二道黃／紅箭線代表。對於牛頓，光速沒有宇宙性，光的世界線跟著誰發射它而變。我們知道等時線在所有參考系裡都是水平的；在牛頓理論中，具有宇宙性的是時間，而非光速。

　　從此圖我們可以推導出在靜止參考系內一個事件的座標（w, x），與運動參考系中同一事件的座標（w', x'）如何關聯起來。我們可以看出 $w' = w$ 及 $x' = x - vt = x - (v/c)\,w$。此稱爲連結兩個以 v 相對運動參考系座標的伽利略轉換（Galilean transformation）。「轉換」代表有撇量與無撇量之間的一種「轉移」。我們將重新出發去尋找在愛因斯坦理論中不同參考系間類似的關係。

腦力激盪題：利用前面的配方證明，由於光速不是唯一的，對紅色觀測者而言，等時線確實變成水平。

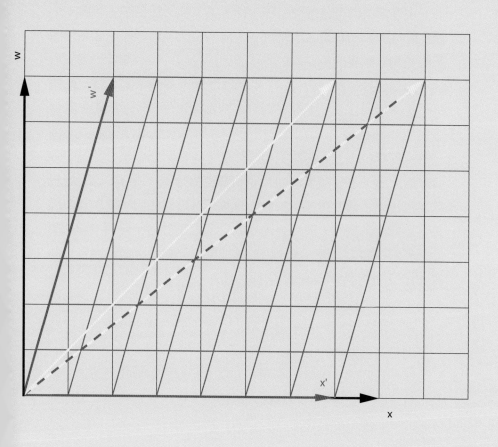

3. 因果律

我從未思考未來──它來得夠快。

失落的因果律？

現在讓我們考慮兩個事件，標示為 1 與 2 於圖中。想像 1 為頑皮的尼傑爾帶槍進入一房間，2 為奧古思塔姨被殺。從黑參考系的觀點，頑皮的尼傑爾射殺了奧古思塔姨的假說並非一定不可能，因為圖片告訴我們，1 發生於兩時間單位後，而 2 在三時間單位後。但現在看一下從紅觀測者觀點的事件順序。他們先看到奧古思塔姨被殺（一時間單位後），然後看見尼傑爾進入房間（兩時間單位後）。事件的順序顛倒了。粗看這似乎是理論的致命矛盾之處：怎麼連事件的時間順序也相對性起來？愛因斯坦豈非過橋走過了頭？用他第二假設犧牲了被珍愛的因果律觀念？因果律是無可轉讓的，因為物理學的全部根植於它。我們不願去想像原因跟在結果之後。不是由於狹隘的科學偏執，而是因為這將導致違反所有合理現實的破壞性矛盾。想像某人開槍射死另一人。假如我們倒帶這故事，先看到人被殺，而後一刻，才看到開槍，理論上，我們可以干擾「阻止」致命的一槍，但受害者已經死了……這是荒謬的。

顯然我們面對因果律的崩潰。為瞭解相對論到底怎麼了，我們暫且離題，先擷取另一深刻內涵再說。它是有關遵循愛因斯坦假設的一些速度的性質。

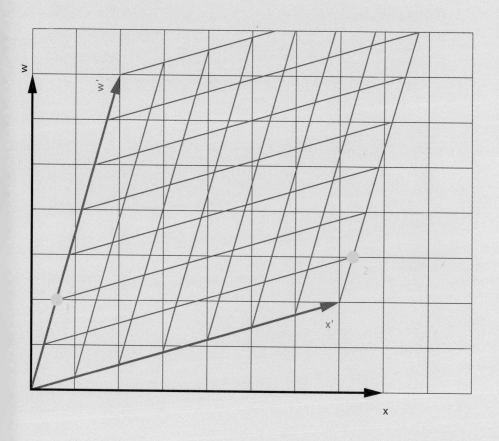

速度相加──牛頓法

　　現在先以牛頓的看法，描述如何作不同觀測者測得之速度的加法開始。我們考慮下述想像實驗。圖中紅箭線表示一以 2/7 c──七分之二光速──移動的紅（超新幹線）子彈列車。在車子內，一藍眼女孩也以 2/7 c（亦為七分之二光速；但在紅參考系內，光的世界線為右邊的紅黃箭線）向前跑。其結果是藍箭線，而在黑參考系，此線對應於 2/7 c + 2/7 c = 4/7 c 的速度（在黑參考系中，黃箭線代表光）。此與我們天眞的（牛頓的）期待完全符合。

　　其次，讓我們改用愛因斯坦的觀點，重複練習運算。

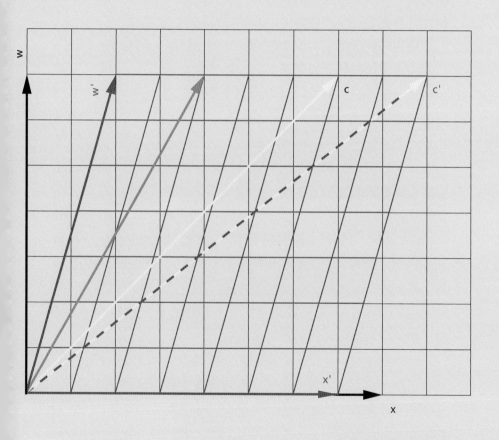

速度相加——愛因斯坦法

我們考慮相似的實驗。這一次，紅列車以 $v = 1/2\ c$ 的速度移動。在車子內的藍眼女孩以 $u' = 1/2\ c$ 向前跑動。代表列車的紅世界線顯而易見，因為它以一半光速行走，較低處的二雙向黑箭線的長度相等。我們也知道在紅列車內的光速與我們（黑觀測者）的相同，所以只有唯一的黃箭線代表光脈波。現在我們應將女孩的藍世界線畫在什麼地方？

假如在紅參考系中，某物以一半光速移動，則在任一時間，該物將走過同時間內光脈波在同一參考系走過的一半距離。在車子內，距離沿紅 x' 方向（而非沿黑水平線方向）測量。這是為什麼藍箭線畫在使二雙向紅箭線的長度相等（如圖所示）的位置。這意味著沿紅 x' 方向，在任一時間，該藍物確實走過光波的一半距離。我們現在必須回答的問題是：藍箭線在黑參考系中，亦即對靜止的觀測者而言，對應到什麼速度？從圖中我們可立即不定量地，但肯定的回答。藍箭線的速度不等於被天真地期待的 $1/2\ c + 1/2\ c = c$；它顯然小於光速。事實上，從我們的作圖法，十分明顯地可以看到，如果藍眼女孩以小於 c 的速度在車子內跑動，對黑觀測者而言，她的速度也是永遠小於光速。相反地，如果她以光速跑動，則對所有觀測者而言，她也都是以同樣的速度跑動，完全遵照愛因斯坦的第二個假設。

我們可更進一步問：如果藍眼女孩丟出一粒速度小於 c 的棒球會怎麼樣？可以應用完全相同的推理，導致棒球的速度，包括對黑觀測者而言，也總是小於 c 的結論。這就推向一個令人吃驚的結果，把任意個小於 c 的速度加起來，我們永不能得到大於或甚至等於 c 的速度。扼要地說，相對論宣示物體運動有一最大的速度，它就是光速。這最大的速度具有宇宙性，也就是說，對所

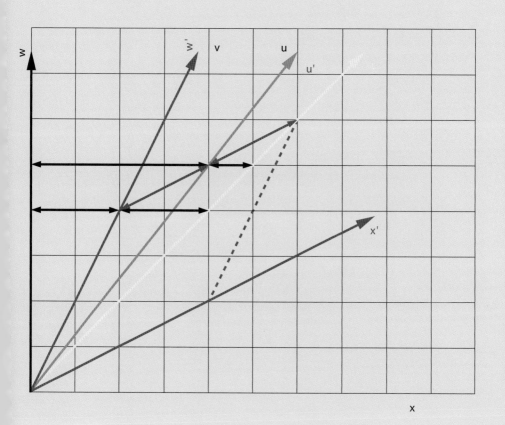

有觀測者而言，它都同值。就像我們演練過的，這很容易証明，但這也是愛因斯坦的假設最令人驚訝，也最反直覺的部份。畢竟，想像有一顆幾乎以光速在運行的粒子——難道我們不能小踢它一下，助其超越光速？回答是否定的。在第六章，我們將回到這一個似乎顯然的矛盾。

現在讓我們回到那藍眼女孩，從圖中，讀出她在黑參考系中的速度。比較接到藍世界線尾端的黑水平線的長度，我們可以馬上得到答案。它必須是 4/5 c。所以依據相對論，速度的加法，在這個情形，必須合乎 1/2 c <+> 1/2 c = 4/5 c，從這裡，我們可以獲得結論：此處以 <+> 表示的物理加法不對應於標準數學的「+」運算。

至此我們已得到使相對論如此戲劇性地不同於牛頓理論之所有重要的速度定性特性。其次，你也許想學習一下能夠定量描寫我們方才討論過的效應之一般式。

迄 1905「奇蹟年」止的愛因斯坦簡單年表

1879　生於德國 Ulm

1888　進入慕尼黑（Munich）的 Luitpold 體育學校（中學）。

1895　沒有取得文憑離開體育學校。

1896　從瑞士 Aarau 的 Cantonal 學校獲得文憑。進入在蘇黎世（Zurich）的 ETH
　　　（Federal Institue of Technology，聯邦技術學院）。

1990　畢業於 ETH，但找不到教職。

1902　以技術專家任職於伯恩（Bern）的專利局。

1903　與 Marries Mileva 結婚。

1905　3 月 17 日：發表光子（光電效應）存在的論文。

　　　5 月 11 日：發表布朗運動（Brownian motion）的論文。

　　　6 月 30 日：發表特殊相對論的論文。

　　　9 月 27 日：發表特殊第二篇相對論的論文，含有 $E = mc^2$。

　　　12 月 19 日：發表第二篇布朗運動的論文。

奇異的加法式子

在這一節裡，我們將以精確定量的語彙回答下述問題：假如一列火車以速度 v 經過月台，而車內一藍眼女孩以速度 u' 在奔跑，則對於月台而言，女孩的速度 u 為何？為求解答，我們會用到一些涉及相似三角形的相當基本的平面幾何。

為了得到用 u' 及 v 組成 u 的一般式，我們利用圖中二綠色三角形的相似性，一連採取五個步驟。所謂相似性是指三角形的形狀相同，但大小不一樣。相似三角形的典型性質是對應邊長的比例相等。我希望你已準備好要做一點數學練習。假如不，也不必擔憂，你可以省略推演的部份（下面淺色字體部分），直接跳到後面得到的式子以及緊跟著的說明。

1. 因為經過兩個簡單的轉換，兩個綠色三角形可以彼此交換，所以它們是相似的。其一為對經三個三角形相交頂點並垂直於黃線的線作反射，其二作尺寸的放大或縮小。

2. 大綠三角形兩直角邊的比例，s/a 等於火車走過的距離 $s = vt$，除以在同時間內光脈波走過的距離 $a = ct$。這比例自然就是 v/c $= \beta$，與那一個時間點無關。

3. 因二個綠三角形的對應邊長比例相等，所以，$r/a = b/s$。此比例亦可從二長邊獲得，而二長邊也是紅三角形的一部份。從紅參考系來看，紅短邊對紅長邊的比，根據定義，正是 u'/c。在前段討論(2.)中，也用了相同的論點，但現在是從紅參考系的觀點而言。紅長邊代表光在紅參考系中走過的距離；它也等於兩個短紅雙箭線的和。紅短邊，或左紅雙箭線，代表女孩在火車中走過的距離。所以，$b/s = u'/c$ 及 $r/a = u'/c$。將第一式兩邊乘以 s，第二式兩邊乘以 a，得 $b = u's/c$ 及 $r = u'a/c$。

4. 我們要決定的速度 u，在黑參考系中滿足一簡單的關係。以完

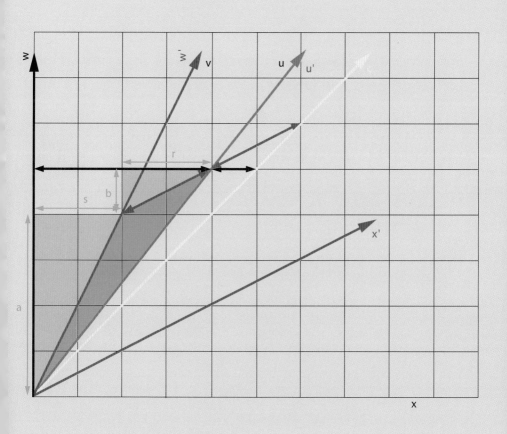

全類似前段(2.)中的討論，在包括 w- 軸、黑雙箭線及藍箭線三邊構成的三角形中，$u/c = (s + r) / (a + b)$。

5. 我們完成了！只要將第 3 步得到的 b 及 r 的式子放入第 4 步得到的式子，然後用從第 2 步得到的 $s/a = v/c$，可以複製最初由愛因斯坦導出的有名的結果。

這就是愛因斯坦有關速度加法的美麗公式：

$$u = \frac{u' + v}{1 + \dfrac{u'v}{c^2}}$$

在我們耗力於幾何勞作之後，不要忘了審視結果，檢驗它是否滿足前幾節提過的定性陳述。

- 假如我們代入前例用過之特殊值 $v = 1/2\ c$ 及 $u' = 1/2\ c$，會看到其結果沒有背叛我們；一如前面以直接目視觀察法，我們同樣得到 $4/5\ c$。

- 假如 u' 及 v 二者皆甚小於光速，以致 u'/c 及 v/c 皆甚小於 1，我們當然應該回復到舊而熟悉的牛頓結果。當 u'/c 及 v/c 皆甚小於 1，分母中的 $u'v/c^2$ 項將比 1 小得更多，因此可安全地被忽略掉。留給我們的就是牛頓告訴我們應該期待的 $u = u' + v$。這揭露一層事實，牛頓物理幾乎可以說是愛因斯坦物理的特殊狀況，而非後者為前者的特殊狀況。

- 假如設 u' 等於 c，則上式不論 v 為何值，皆得 $u = c$。這是光速對所有觀測者都一樣的另一種陳述。甚至以兩個 c 相加，仍然得到 $u = c$。

為什麼在牛頓世界中的速度加法規則不過是簡單的相加，在愛因斯坦就變成如此複雜？原因基本上是由於速度，根據定義，是空間差異 Δx（距離）除以 Δt（過往的時間）。在愛因斯坦的理論中，x 與 t 的轉換並不顯明直接，其結果造就了非線性的加法公式。

重新贏回因果律

　　以沒有速度會超越光速的宣示為武器，我們現在可以回到我們尚未解決的爭議性謀殺案件（38 頁）。沒有東西的運動會快過光速的事實，意味著任一事件的效應絕不能以大於 c 的速度在時空中傳播。在圖中我們以一維空間方向及一維時間方向的簡單世界來顯示這是什麼意思。事件 1 只能有因果地影響位在黃色楔形內的後續事件；黃色楔形是由向正負 x 方向（對所有觀測者都相同）移動的兩道光脈波界定而成。畢竟，事件效應傳達的速度總是小於 c。但實際上，我們面對的是三維，而非一維的空間度，你其實應將楔形想成一（較高維的）錐體。楔形體因此通常被稱為前向或未來光錐。假如，另一方面，我們問那些事件可以影響某一事件——譬如事件 2 ——則同樣推理，「那些」必須是位於它的後向或過去光錐內以暗黃色顯示的事件。注意：未來與過去光錐對所有觀測者都完全相同。這些錐體具有宇宙性：它們附著於事件，而不附著於觀測者。然而，任何位在（譬如）1 的光錐外的點 P，隨著經過 1 的觀測者速度的不同，可能是在觀測者的未來、過去或現在。但是時間順序上的曖昧是無害的，因為並無訊號可以在 1 與 P 之間傳播，1 與 P 之間不能有因果關係。

　　現在如果我們回到 38-39 頁的因果律問題，我們看到事件 1 及 2 位在彼此的光錐之外。從崩潰的邊緣，因果律因而被解救出來。如果你覺得困惑：頑皮的尼傑爾不可能殺害奧古思塔姨！

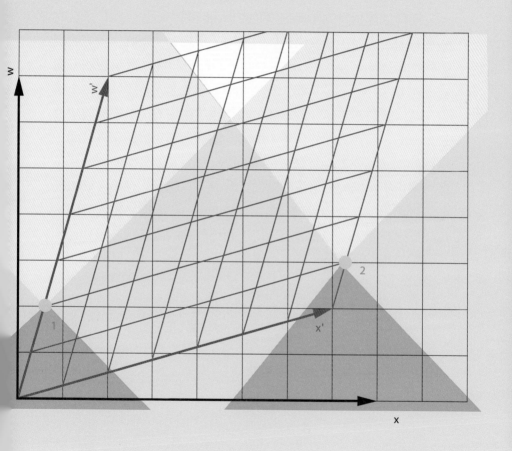

4. 延緩與收縮

每件事都應盡可能簡單，但也不能過於簡單。

對不起，你能告訴我現在什麼時間？

　　同時性是相對的，那些事件在相同時間內發生，隨你所在的
參考系而定，而後者取決於你的速度。仔細看一下圖，就可能提
出如下所述的問題：在 w' 這一點，是什麼時間？對黑觀測者而
言，w' 與 $w = 5$ 單位同時，而對紅觀測者而言，w' 與 $w = 3.3$ 單
位同時。這似乎是另一個難題。我們也不應驚訝──畢竟同時性
是相對的，而在上面的例子，所有的觀測者都用黑錶報告時間。
有趣的問題當然是在紅錶上的 w' 的時間，而這又如何關聯到黑
參考系中指定給同一事件的時間？我們可以確定一件事：假如紅
觀測者將她的錶在原點設定為零，錶將在 w' 顯現一特別時間。
為找出這時間，我們將審慎地使用到相對論的假設。

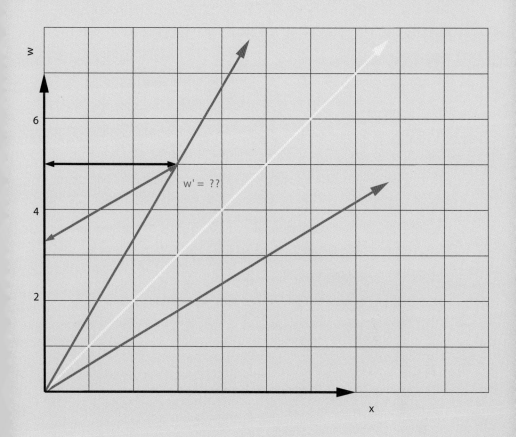

w' = ??

w

6

4

2

x

53

時間延緩

上節提出的問題，可以將相對性原則應用到兩個以速度 v 作相對運動之慣性參考者時鐘的行走速率上，而獲得解決。兩個相關的觀測者各自攜帶相同的時鐘，在原點時，設時鐘為零，又各自在自己的世界線上標示時間單位。我們將看到時鐘行走的速率應相差某個倍數，設為 γ，此參數與相對速度 v，或者更好的說法是，與無單位因次的參數 β 有關。我們也知道當 v 趨於零時，時鐘行走的速率應該相等。

讓我們參考右圖，設 $w' = \gamma w*$。基於相對性原則的考量，因為只有一相對速度，而對兩個相關的觀測者而言，情況必須對稱，所以，$w = \gamma w'$ 亦必為真。以 w' 代入 w 式，我們得到這樣的關係，$w = \gamma^2 w*$；記得 w 及 $w*$ 皆讀自黑參考系的時鐘。至此，我們已經可得到一確切的結論：因為圖中，w 顯然大於 $w*$，γ^2，也就是 γ 本身，必須大於 1。從 $w' = w/\gamma$，即知 w' 必須比 w 小。這意味著運動的時鐘走得比較慢；一個奇異但十分重要的結果。其實，如果看圖片，我們似乎應得到 $w' > w$，但這並非真實，對運動參考系的傾斜軸，我們必須重調尺寸的大小。

假如你是追根究柢的人，你一定要知道運動的時鐘到底慢了多少。再一次，它的計算可藉助於基本平面幾何，茲說明如下。

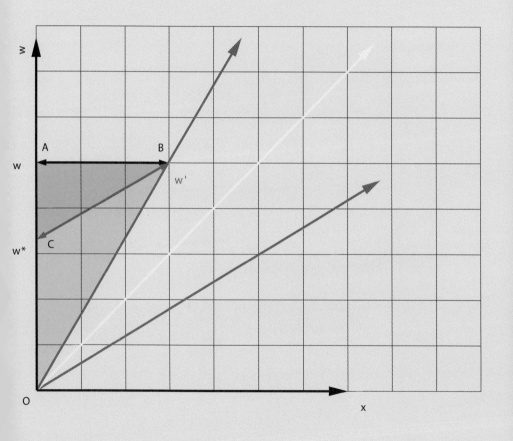

假如你不願涉足推演的細節步驟，你可以直接跳到後面結果的式子，及其緊跟著的說明。

前一頁的圖中含有兩個綠色三角形；一大 ABO，及另一與其部份重疊較深色的小者 ABC。

1. 這兩個三角形又是相似的，所以對應邊的比例相等。由此觀察，可得 AB/AO = AC/AB。

2. 首先注意：AB/AO = v/c = β 與 AO = w，所以 AB = wv/c = βw。在圖中，我們也可直接看到 AC = $w - w^*$。將這些結果代回步驟 1 中的式子，我們得 $\beta = (w - w^*)/\beta w$。

3. 在上式兩邊乘以 βw，將所有含 w 項移到同一邊，並將 w 放到括號外，我們可以解出 w。其式為 $w = w^*/(1 - \beta^2)$。

4. 回想一下 $w = \gamma^2 w^*$，我們就得到尺寸調整因子 γ 為分數 $1/(1 - \beta^2)$ 的正平方根。

我們可得兩時鐘速率間關係的結果為：

$$w' = w \sqrt{\dfrac{1 - v^2}{c^2}}$$

讓我們對這個了不起的式子的一些突出特點作些註解。正如我們討論過的，我們看到 w' 確實總是小於 w，因為在根號裡的因子總是小於 1（因為 v 當然小於 c）。我們應感到安慰的是，假如看到 $v = 0$，$w' = w$，而可能略感不安地看到假如 v 接近 c 時，w' 趨近於零。換句話說，以光速運動的時鐘根本不動！在那獨特的參考系中，時間的觀念失落了。我們一直順利地為運動觀測者描繪的「傾斜」參考系將崩塌成一條線，在其中空間與時間之間的分野完全消失不見。

注意：一直以來，我們用的是耐用而老舊的平面歐式（Euclidean）幾何。有人或許會懷疑應用歐式幾何相似的觀念於現在討論主題（比較不同時空參考系）的正確性。歐式幾何的規則在時空平面上還站得住腳嗎？事實上，並不完全站得住腳。原因並非是紅參考系顯得傾斜，而是因為紅軸需要重調尺寸。然而，我們在作比較的三角形邊總是屬於同一參考系。相同顏色邊長的比例，其中重調尺寸的因子會被銷掉，因此比例可以被等同，並不會造成傷害。

我們看到時空圖案在幫助取得對相對論的瞭解上是一極有力的工具。即使如此，它們無法將慣性參考系的等價僅以一張圖就直接表現出來。但是參考系間的非對稱性在代數結構中也同樣存在，譬如我們剛得到的時間延緩的式子。

都卜勒（Doppler）效應

若我們讓管樂隊在卡車上表演「呵，當聖徒……」，當卡車向我們接近時，樂曲的音調會升高，離開時，音調會降低。這種音調高低或頻率的改變，與聲源及聽者間的相對速度有關，稱為都卜勒效應。它會出現於所有的波現象，譬如水波、聲音及光。而在所有這些情況中，都卜勒效應都隨波源及觀測間的相對速度而變。

在圖中，我們描繪一運動光源以頻率 f_s 閃爍。你可以看到靜止的觀測者會收到不同頻率的光訊號，問題是她量到什麼頻率 f_o？頻率是每秒鐘脈波的次數。所以從圖中我們可知 $f_s = 4/w_o'$，以及 $f_o = 4/w_1$。這意思是說，觀測者頻率對發射源頻率之比為 $f_o/f_s = w_o'/w_1$。時間延緩的式子告訴我們 $w_o = \gamma w_o'$。從圖中我們可讀出 $w_1 - w_o = \beta w_o$，因為此距離等於水平箭線的長度，也就是速度為 βc 的光源在 w_o 時間所走的距離。由此得到結論 $w_1 = (1 + \beta) w_o = (1 + \beta) \gamma w_o'$。因此相對論的都卜勒效應可表示為：

$$\frac{f_o}{f_s} = \frac{1}{(1+\beta)r} = \sqrt{\frac{1-\beta}{1+\beta}}$$

腦力激盪題：若設 $\gamma = 1$，證明我們由上式可得非相對性的情況，而 β 中的 c 若換成聲速，式子也可為管樂隊所用。

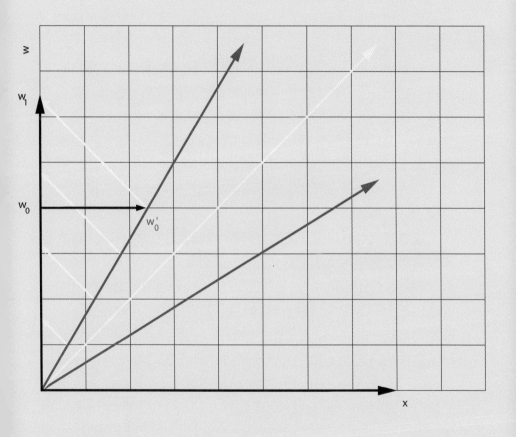

雙生子詭論

　　雙生子詭論證明時間延緩效應，亦即運動的時鐘走得較慢，是真實的。但時間延緩為真正的物理效應似乎又產生另一詭論。畢竟，相對論不是說運動是相對的？假如因為 A 相對於 B 運動而 A 時鐘走得比 B 時鐘慢，我們是否也應要求 B 時鐘走得比 A 時鐘慢，因為 B 也相對於 A 運動？這詭論成為下述想像實驗的基礎。

　　一對完全相同的雙胞胎若拉及維拉，給予相同且完美調整的時鐘。維拉登上一艘太空船，快速旅遊經過銀河系，在漫長旅途之後，折返回家。若拉沒有同行而留在家。在某一時間點，維拉回來了。因為她一直在動，所以她的時鐘慢了許多，因此自從離開之後，她過了比較短的時間。她會發現她的雙胞胎姊妹比她更老。視她的旅程長度與旅遊速度而定，她甚至可能發現若拉早已過世！這真戲劇化。

　　這是聰明的科幻還是殘酷的真實？我們如何以相對論的基本假設來與這種非對稱性妥協？這是一個問題！對，它確實是個問題。假如我們仔細觀看一下概略描述旅遊的奇遇圖，這非對稱性就躍然紙上。沿黑 w- 軸行走的觀測者必定是停留在家靜待姊妹歸來的若拉。維拉在紅太空船上相當沉悶的旅程包含兩個對稱部份：首先她以速度 v 離開，與她轉向（瞬時地）以 $-v$ 回家。因為時間延緩隨速度平方而變，她的時鐘在離開及折回的路上走得一樣慢。依照前一節得到的時間延緩公式，當靜止的若拉度過，譬如說，$t_1 = 30$ 年的歲月，則維拉僅度過 $t'_1 = t_1\sqrt{(1 - \beta^2)}$ 年。

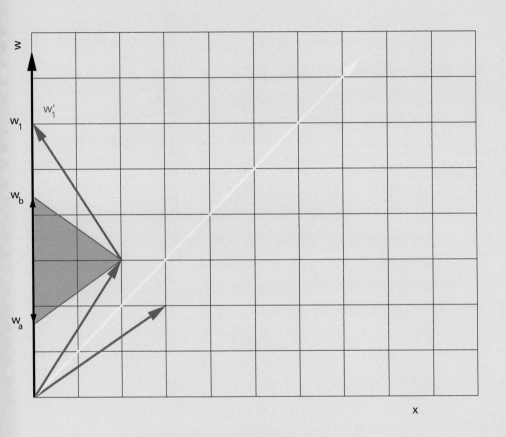

只要適當地設定 v，雙胞胎中作旅行的姊妹就可使 t'_1 盡可能地如其所願的小。例如選 $v = 4/5\ c$，得 $t'_1 = 3/5\ t_1 = 18$ 年！

圖片也揭發了非對稱性出現之處。就在折返點前，維拉考量 w_a 與她的時間同時，但在無限小的時段之後，她又看到 w_b 是同時的。所以，她似乎有辦法從 w_a 瞬間跳到 w_b——或更實際一點的說，假如曲線弄得滑順一點，她極快地掃過從 w_a 到 w_b 的時段。這並非相對性的敘述，因為維拉的速度改變了。她經驗極快的減速，這是她客觀可以確定的，就如身處忽然煞車的車內一樣。她的姊妹若拉卻絲毫也沒有經歷任何減速，而這是客觀非對稱性存在的地方——這個不同使理論從詭論解脫。

很清楚地，假如姊妹之一必須留在家裡，而我們又堅持兩姊妹必須再見面比較她們的年紀，則戲劇性的非對稱性是不可避免的。有些專家因此說時間的不同是加速（或減速），而非特殊相對論效應的結果。然而，整體的效應卻是與二觀測者的相對速度及全程的時間有關。我們可將旅行姊妹的旅程效應近似為相對於靜止姊妹以不同常速度運動小段落的累積。更進一步，使尖銳轉角滑順化造成的結果與全程長度無關，因此可弄得任意的小。

最重要的事實是，雙生子詭論是完全物理的實際效應，對此已有直接的實驗證明。在 1971 年，有一實驗將非常準確的原子鐘送上一以平均速度約每小時 600 哩的噴射機環繞地球。其時間的測量結果，跟留在實驗室完全相同的時鐘測得者，有一甚小但不能忽略的差異，與愛因斯坦的公式完全吻合。這個特殊情況的計算同時可用來描述雙生子詭論的一般性質，假如有兩個人沿著任意兩條世界線作分而復合的旅行，則「較長」世界線的旅者會比較年輕。

時間延緩的效應可用不穩定的基本粒子，如 μ 介子，以相當基本的方法證明。μ 介子以一定量的（平均）壽命自然衰變。此壽命被發現與衰變粒子相對於實驗室（於其中，衰變粒子的壽命已先決定）的速度有關。這些實驗提供了對愛因斯坦的預測非常精確的確認。它們同時也指出一個事實；此效應確實屬於特殊相對論的領域，因為在實驗中沒有加速度，然而壽命確因不同參考系而異。這可以辦到，因為時間及距離的測量在實驗室中完成，它們再與從衰變粒子（粒子本身的活動就如一時鐘）參考系測得的時間作比較。所以，時間延緩效應，作為特殊相對論的一個結果，以及特別是同時的相對性，就如粒子受力會加速的自然律一樣是的確存在的真實。

腦力激盪題：1. 想像若拉及維拉向彼此送出每秒一個的光訊號。在圖案上繪出光線，並討論姊妹們如何認知彼此訊號的順序。現在，「真實的」非對稱性將會顯現。
　　　　　2. 為衰變 μ 介子的實驗繪圖，說明它可以證明時間延緩效應。假設 μ 介子的速度為 1/2 c。

羅倫茲轉換（Lorentz transformation）

　　我們一直談到不同的參考系，它們連結到像黑或紅格子的不同座標系統。面對屬於兩組慣性觀測者（以常速度相對運動）的二座標系統，一個重要的一般性問題將應運而生。

　　考慮一事件 P，在黑（靜止）系統的座標為 (w, x)，而在以速度參數 $\beta = v/c$ 運動的參考系的座標為 (w', x')，則什麼是兩參考系的座標 (w, x) 與 (w', x') 間的一般關係？換句話說，我們要尋求以 w' 及 x' 來表示 w 及 x（或反方向）的式子。假如有人告訴你某一事件在一參考系是「何時及何處」，我們就可以據之計算在其他參考系它的「何時及何處」。毫不奇怪，這關係式與 β 有關。在我們熟悉的圖上，用相同於曾經用過的幾何推理，我們可以得到此關係式。

　　我們要尋求的關係式就是有名的羅倫茲轉換，借此你可以從一慣性參考系轉換或轉移到另一個。我們在時間延緩那一節已經碰到這轉換的簡單例子，即 w' 及 w 間的關係。有關兩座標系間的關係推導會在下一頁示出。當然如果你僅對結果及它的意涵有興趣，你可以跳過推導的部份。

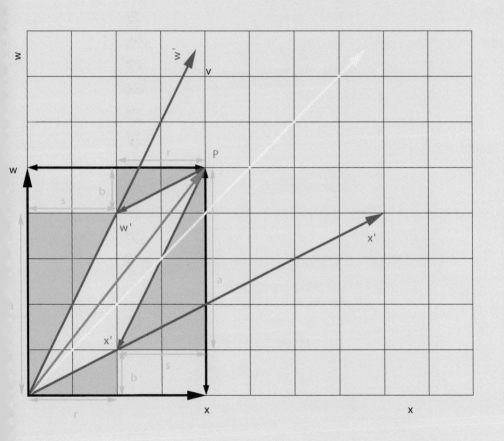

利用比例關係與綠三角形中有些邊長相等的情形，我們可從圖片相當容易地得到想得到的關係式。

1. 標示藍色的事件 P，沿著紅座標軸，它的座標記為 w' 及 x'。沿著靜止參考系的黑座標軸，我們將它的座標記為 w 及 x。

2. 從圖中的正三角形，我們知道 $w = a + b$ 及 $x = r + s$。

3. 前面已經廣泛地用過 $s/a = b/r = v/c = \beta$。在時間延緩那一節裡，我們証明過 $a = \gamma w'$，（γ 的定義示於 56 頁）。將此結果代入 $s/a = \beta$，得 $s = \gamma w'\beta$。從大小綠三角形的相似，可得 $r = \gamma x'$ 及 $b = \beta r = \beta \gamma x'$。

4. 現在我們必須做的不過是將步驟 3 導出的式子代入步驟 2 的式子。我們將得到 $w = a + b = \gamma w' + \beta \gamma x'$，以及相同地，$x = r + s = \gamma x' + \beta \gamma x'$。這些從時空座標（$w'$, x'）過渡到（w, x）的簡單轉換規則，確實滿足圖中顯示的所有被預期的對稱性。它們也顯示當我們求 $v \to 0$（所以 $\beta \to 0$ 而 $\gamma \to 1$）的極限時，趨近應有的正確結果。

　　我們得到有名的羅倫茲轉換規則：

$$w = \gamma w' + \beta x'$$
$$x = \gamma x' + \beta \gamma w'$$

　　這是相當一般性的基本結果。

這個轉換規則有一數學性質。因爲新的 w 及 x 被表示爲舊的 w' 及 x' 的線性組合，這種轉換稱爲線性的（意味沒有更高次數項攪局）。係數 β 及 $\beta\gamma$ 當然隨二觀測者的相對速度而變。注意：它們的非相對性極限也是一樣線性的伽利略轉換，$w = w'$ 及 $x = x' + \beta w'$。

　　轉換的線性反映我們沒有明言的一個對時空性質的假設。我們曾經說過參考系的均勻性質，意味著它們與你身在何處何時無關，對空蕩蕩的時空，繞著其中一點，四下看起來都無不同。這讓我們可以任意選擇原點。我們可以更清楚地說明這性質如下。假設我們選擇一點 (a, b) 當作新原點，在運動參考系中，它對應於點 (a', b')。所謂時空均勻性要求從 (w', x') 到 (w, x) 的轉換，應與從 $(w' - a', x' - b')$ 到 $(w - a, x - b)$ 的轉換一樣，這就會導致轉換必爲線性的條件。

　　線性是令人愉悅的性質。它保證我們連續作這類轉換二或三次，總合起來的效果還是一個線性轉換。例如：我們先以參數 $\beta = \beta_1$ 將月台上人們的參考系轉換到紅火車上的參考系，然後，以參數 $\beta = \beta_2$ 從火車轉換到藍眼女孩的參考系。假如我們作這二個連續轉換，可以發現整體的結果與以參數 $\beta = \beta_3$ 作一次轉換一樣——β_3 爲以愛因斯坦速度加法公式得到的速度參數，即 $\beta_3 = (\beta_1 + \beta_2)/(1 + \beta_1\beta_2)$。藏在這複雜的非線性加法公式裡的是，簡單的線性羅倫茲轉換。

　　很多教科書事實上採取以羅倫茲轉換作爲解釋相對論的起

點。就歷史的觀點而言，這是有意義的，因為了不起的事實是在約1900年，相對論崛起之前，荷蘭物理學家羅倫茲[1]已經寫下這些轉換公式。它們是從統一電磁現象的馬克士威爾方程式組合的分析得到的。羅倫茲的偉大發現是：如果依照上述的座標轉換，改變有無一撇之間的變數，可得到馬克士威爾方程式不會改變的結果。用物理學及數學的術語來說，這些方程式在羅倫茲轉換之下是不變的（invariant）。

知道相對論的基本方程式在愛因斯坦導出之前就已經被寫下令人覺得十分神奇。顯然在這兒，如何找到正確答案大不如詢問有關其意義的正確問題重要。其實，不變性的原始詮釋是完全不同的。最初相信馬克士威爾方程式簡單而漂亮的形式只有在特別相對於「以太」（假想充滿於宇宙而捉摸不到的物質）靜止的參考系中才能存在。以太被相信是電磁波（如光或無線電波）藉以傳播必須存在的一種介質。由於愛因斯坦，詮釋產生了深刻而根本的轉折，沒有以太這樣一種東西，也因此沒有所謂的「被偏愛的」參考系。這觀點與一著名的實驗發現符合，這實驗，實際上由Michelson及Morley在相對論出現前已經完成，顯示光傳播的速度在所有方向都相同。這結果與被廣泛接受的地球運行於以太的觀念相互矛盾。它對愛因斯坦的第二假設提供強而有力的實驗支持，雖然愛因斯坦當時知曉這件事到怎樣的程度並不清楚。

事情的主要重點在於牛頓力學經伽利略轉換不變，而馬克士威爾電磁理論經羅倫茲轉換不變。如果相對論的假設，也就是對

譯註[1] Hendrik Antoon Lorentz，1853-1928 荷蘭物理學家。

相互以常速度運動的任一觀測者所有物理方程式都相同的說法，要能成立，二理論的其中之一必須改變。這洞見引導愛因斯坦對一度被認為顛撲不破的牛頓力學提出大膽的修正，而對馬克士威爾理論則不加更動。

腦力激盪題：1. 證明以 w 及 x 表示 w' 及 x' 可以從前面得到的式子中將 β 換成 $-\beta$ 取得。這完全一如相對性的預期。
2. 證明以參數 β_1 及 β_2 的連續兩個羅倫茲轉換，等於以參數 β_3（愛因斯坦加法）的單一羅倫茲轉換。

竿子可以放得進穀倉嗎？

看看羅倫茲轉換的式子，你可能注意到其中空間及時間在相對論的相等地位。因為我們已經體驗了時間延緩的物理效應，自然地要問是否也有一跟隨著空間的類似物理效應？事實上，的確有，它稱爲「費茲吉拉─羅倫茲收縮（FitzGerald-Lorentz contaction）」。簡單地說，它宣稱以常速度運動的物體將被觀察到（沿著運動方向）有長度的收縮*。

讓我們再度將這效應的內容以另一詭論的形式呈現；當要回答一根竿子是否能放入穀倉的問題時，出現這樣的詭論。它包含不動的穀倉與穿越它的竿子。對靜止的觀測者而言，竿子收縮，而他看到竿子剛好放得進穀倉。對拿著竿子快速運動的觀測者，她看到的不是竿子，而是穀倉的收縮，所以，她認爲竿子放不進穀倉。我們怎麼決定誰是正確的？竿子到底能或不能放進穀倉？這就是問題。

圖中，我們描繪這個情況。首先，有黑靜止參考系。淺綠色區是穀倉，於靜止狀態；兩道向上的黑箭線對應於（一維次）穀倉的前後門。竿子以雙箭線代表，以常速度沿正 x- 方向運動，相對於紅參考系是靜止的。兩道在較右邊以斜角指向上的紅箭線代表竿子兩端的世界線。圖已經將詭論的解決說清楚。在黑參考系裡，長度是沿著水平同時線測量的，而我們看到竿子正好放入穀倉。對紅觀測者而言，故事很不一樣：當竿子的前端已經達到後門，竿子的另一端還未進入穀倉。運動者正確的下結論：竿子放不進穀倉。關鍵在於長度的測量，根據定義，牽涉到同時性的觀念。因爲此與參考系有關，所以比較以不同速度運動的物體長

---

* 假如你正在猜想，對應的式子為 $x = x' (1 - \beta^2)^{1/2}$。注意：與 56 頁的時間延緩公式比較，$x$ 及 x' 在相反的兩邊。

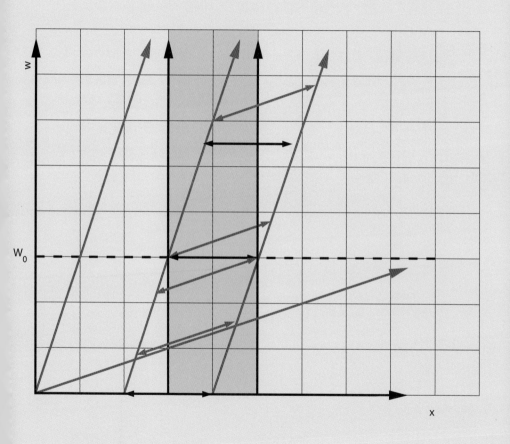

度之任何陳述也就有同樣的問題。

　　對這個問題「竿子到底能或不能放進穀倉？」的答案，必須是：「視情況而定」。不僅隨竿子，也隨觀測者而變。但是觀測者都講了眞話，或至少，他們都講了自以爲是的眞話。

> 腦力激盪題：考慮下述 Taylor 及 Wheeler 建議的想像實驗。一列火車沿一堵牆壁運行。牆壁在離地面正好兩公尺的地方用漆畫有一道藍線。火車內，一人拿著漆刷探出車窗，也想在離地面正好兩公尺的壁上畫一道紅線。紅線將在藍線之下或之上？推論如有多於一維的空間度，垂直於運動方向的度次不會收縮。先假設運動參考系的垂直方向也會收縮，然後用相對論假設推論這將導致矛盾。

愛因斯坦這個人

　　愛因斯坦是我認識的人中最自由的人[①]。這樣說的意思是，相較於我所碰到的任何其他人而言，他是自己命運的主宰者。假如他信上帝，那是史賓諾沙（Spinosa）[②]的上帝。愛因斯坦不是一個革命家，因為推翻權威絕非他主要的動機。他也不是一個反抗者，因為除了理性者之外，任何的權威，對他而言，費力去抗爭似乎太荒唐了。他擁有追究科學問題的自由，是經常詢問正確問題的天才。除非接受答案，他別無選擇。他的命運感帶領他走得比任何前輩更遠。因為對自己的信心，使他堅韌。名聲有時會使他喜悅。他無懼於時間到一種不平常的程度，甚至無懼於死亡。對在量子理論的晚年態度或尋找統一場論的失敗，我看不到悲劇，特別是他所問的一些問題，直至今日，仍是些挑戰——也因為我從他的臉上讀不出悲劇。偶然為悲哀所襲也吞噬不了他的幽默感。

Abraham Pais[③]

於其所撰愛因斯坦傳記

「上帝是巧妙的（Subtle is the lord）……」

譯註[①] 從原文的其他部份，原作者解釋說，這是指愛因斯坦在思想上的自由，以致能以純粹思想的活動去掌握自己的命運。

　　[②] 史賓諾沙為 17 世紀歐洲重要的哲學家。他主張上帝近於類似無神的自然本身。

　　[③] Abraham Pais（1918-2000）生於荷蘭的猶太人。曾當過量子物理學巨匠波爾（Bohr）的助手，也在普林斯頓高等研究院工作過，與愛因斯坦有同事之誼。

5. 幾何間奏曲

不要煩惱你在數學上的困難。我可以確定我的仍比你更多。

時空間隔

　　我們畫的座標格在兩件事上不同。第一個不同是其中之一（黑參考系）的軸互相垂直，而另一時空軸是傾斜的、不垂直。第二個不同是我們必須用與速度相關的因子 $\gamma = 1/\sqrt{(1 - \beta^2)}$ 重調沿軸單位的尺寸。

　　現在，讓我們考慮將所有在零時間以不同的速度，經過原點的觀測者集合起來。我們要求他們所有人在他們的世界線上標示出對他們而言，以其時鐘為準，經過一固定 s 單位時間的事件。猜想這樣形成的一組事件在時空圖案看起來像什麼。時間延緩的式子告訴我們 $(w')^2 = (1 - \beta^2)\, w^2$，所以設 $w' = s$，我們得到這樣的結果 $(1 - \beta^2)\, w^2 = w^2 - (\beta w)^2 = s^2$。我們也知道在靜止參考系中，運動者離開原點的距離 x，等於 $x = vt = vw/c = \beta w$。所以每個觀測者測到時間等於 s 的點，在 (x, w) 平面上形成的曲線，可以下面的異常簡單的式子描述：

$$w^2 - x^2 = s^2$$

　　這曲線看起來像什麼？喔，你可能對另一相同、只是無減號，而有加號的方程式比較熟悉。那是以原點為圓心，半徑為 s 的圓。如為減號時，我們得不到圓，而是另一數學上有名的，叫做雙曲線（hyperbola）的曲線。就如圓完全由其半徑賦予特性一

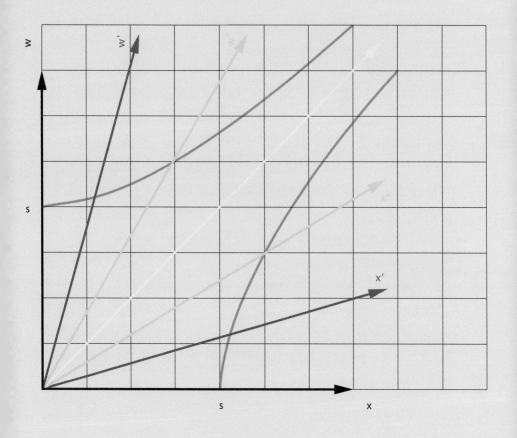

樣，我們的雙曲線完全由其與 w- 軸的交截點（就是 s）賦予特性。我們可以在式中，放進 x 值，算出對應的 w 值，然後定出在時空圖案上點的位置。將這些點連結起來，我們就得到像前頁所示的藍曲線。這「水平」雙曲線由 $s = 4$ 界定；它與黑、紅及淺藍 w- 軸依順序相交於 $w = 4$、$w' = 4$ 及 $w'' = 4$。

當然，我們也可用米尺玩相同的遊戲，即要求每個觀測者在零時間時，都在他們的世界線上標出 $x' = s$ 的距離。這會得到 x 及 w 互換位置的式子，也相當於在前式中，將 s^2 換成 $-s^2$ 而得。相對應的曲線是圖中所示相交 x- 軸於 s 點的另一藍雙曲線。這些雙曲線常被稱為像空間（spacelike）與像時間（timelike）雙曲線。在兩者之間，當 $s = 0$，像一種退化的情況，雙曲線變成 $w = + x$ 及 $w = -x$ 兩條線，代表向右及向左前進的光子的世界線。這兩條線也是像空間與像時間雙曲線群的漸進線，因為如果 w 及 x 變得比 s 大得很多，曲線會愈來愈接近直線。

這些美麗曲線的幾何意義是什麼？他們代表什麼？要找出答案的好辦法是利用羅倫茲轉換。假如用 66 頁的羅倫茲轉換公式，將雙曲線式中的 (w, x) 換成 (w', x')，經過一些左右移動，並記得 $\beta = v/c$，你將得到 $w'^2 - x'^2 = s^2$，完全相同的方程式，只是現在以有撇座標表示。這意思是說固定值 s 的雙曲線在羅倫茲轉換之下不變！轉換可能使特定點在曲線上來回移動，但點的連續組合，雙曲線整體不會改變。

在數學及物理學裡，我們常常講到向量（vectors）。它們很像箭：有長度及方向。在歐式幾何裡──也因此在一般的空間裡── 一從原點指向點 (x, y) 向量長度為 r 的平方等於其分量的平方和，$r^2 = x^2 + y^2$，而長度在旋轉之下，保持不變。對時空向量

(w, x)，我們也可定義相同的量，就是時空間隔 s，但其平方等於其時間與空間分量的平方差：$s^2 = w^2 - x^2$。在相對論中，重要的是：二事件間的時空間隔在羅倫茲轉換之下維持不變；它對所有的觀測者都是相同的。因爲定義中存有負號，間隔的平方可以是正、負或零，我們對應稱之爲像時間、像空間或零的間隔。相同地，假如我們在二事件間畫一箭線，我們對應稱之爲像時間、像空間或零向量。在圖中被標爲 x, x' 及 x'' 的向量爲像空間的，而標爲 w, w' 及 w'' 的向量爲像時間的。

使像時間的雙曲線（如時間軸的切過 x- 軸）變得有趣的還有另一原因。假如你細看像時間的雙曲線，它事實上可以完全被視爲某觀測者的真正世界線。該觀測者不是以常速度運動，而是沿正 x 的方向不斷加速。雖然對加速觀測者的完全瞭解超出特殊相對論的範疇，只因爲我們在此很自然地與其世界線相遇，接近本書尾聲時，我們還會回來看看這個特別的觀測者。

圓與雙曲線

　　這一節，我們將與圓性質作比較，進一步探索雙曲線。為此，先不考慮羅倫茲轉換，我們以平面上對原點的開始旋轉——從定義，就知道它會以原點為中心，其此圓不變。假如我們取一長度為 r 的向量（譬如圖中的紅／藍箭線）作旋轉，它的端點就會描出半徑為 r 的圓。在圖中，顯示 $r = 4$ 的紅圓。在旋轉時，向量的端點在圓周上遊走，但整個圓保持不變。在羅倫茲轉換之下，正如前面說過的，紅／藍箭線的頭會在 $s = r$ 的雙曲線上遊走，而後者也整個保持不變。因此，羅倫茲轉換有時被稱為「雙曲線旋轉」，因它使時空間隔不變。

　　雖然我們只是在平面上，在二維的世界中操作，這已顯示隱藏於相對論基礎之下的幾何有些奇異之處，肇源於時空間隔定義中的時間及空間項之間的負號。其實，也可以選擇，在一開始就以向量不變，長度的平方為其分量的平方差，而非其和的平面幾何來面對你。這種雙曲線幾何稱為明可斯基空間，這是我們一直以來在其中默默工作的空間。

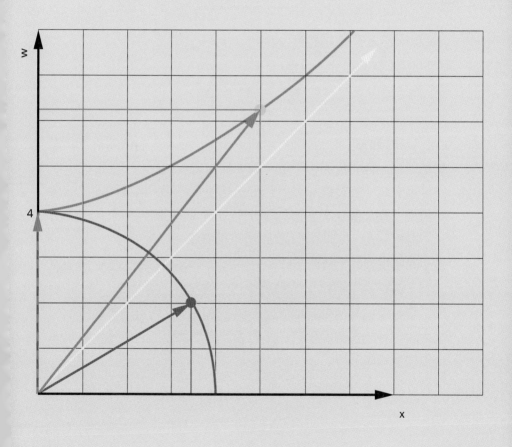

建構雙曲線

至此，我們應該清楚，因與連結不同觀測者慣性參考系的羅倫茲轉換之間的緊密關聯，雙曲線在相對論中的重要性。這也是我們為什麼在進入更多相對論物理之前，必須再探索一點雙曲線的原因。

你也許感到困惑為什麼我們不把方程式 $w^2 - x^2 = s^2$ 改寫成下面的形式，以除掉負號：

$$w^2 = s^2 + x^2$$

以這樣的式子，我們可用圓規及畢氏定理，方便地將雙曲線構建起來。你可以回想一下，若 s 及 x 是一個直角三角形的垂直邊，則三角形的長邊 w 就等於如上述所定義的。但我們就在這樣的情況：假如圖中，我們選擇 s 沿垂直 w- 軸固定起來，然後沿水平軸取 x 點，則 x 及 s 與原點一起構成一直角三角形。連結 x 及 s 的長邊就是上式所示的 w。假如以 x 為中心畫一以 w 為半徑的圓，弧形向上與經 x 的垂直線相交處，就是雙曲線中的 (w, x) 點。雙曲線的其他點可以依同法從不同 x 構建而得，如圖所示。這樣雖然比起畫圓麻煩許多，但我們看到實際上利用尺及圓規即可構建雙曲線。

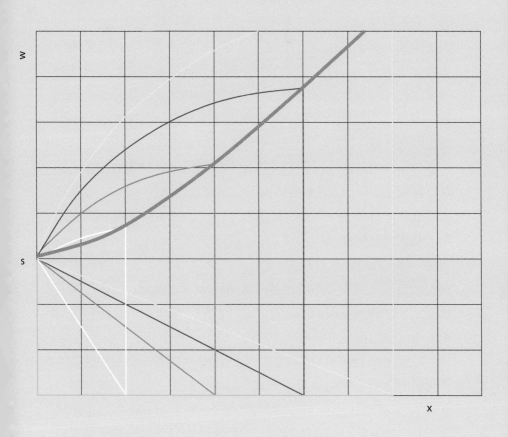

關於向量的智慧之言

　　我們曾介紹過在通常歐式幾何與時空中像箭一般的向量。通常指示位置或速度的空間向量，在旋轉下其長度保持不變。這旋轉對應於從一靜止觀測者參考系，到另一靜止觀測者參考系，後者對前者作旋轉的轉換。在相對論的範圍內，我們當然對時空向量，以及它們從不同慣性觀測者的觀點所看到的性質有興趣。我們分辨兩種情況：座標參考系及向量由伽利略轉換連結的非相對性情形，與它們由羅倫茲轉換連結的相對性情形。這二種轉換本身是相關的，因在小的 β 值時，羅倫茲轉換會簡化成伽利略轉換。我們知道在羅倫茲轉換之下，向量的時間及空間分量雖然改變，但會使向量保持在同一雙曲線之上。方向及長度都改了，但時空間隔不變。

　　這是什麼意思？讓我們先考慮一長度為 s 沿時間軸指向上的簡單向量 $(s, 0)$，用羅倫茲轉換將它轉換到以速度 v（$\beta = v/c$）運動的觀測者參考系。將 $(w', x') = (s, 0)$ 代入 66 頁的轉換規則，結果，我們得到轉換後的向量 $(w, x) = (\gamma s, \beta \gamma s) = \gamma s (1, \beta)$。最後得到的是一乘有 γs 因子（隨速度變化）的時空向量 $(1, \beta)$。看起來似乎相當複雜，但重要的是，這向量滿足 $w^2 - x^2 = s^2$，以及在某種意義上，此轉換是簡單的事實。我所說的「簡單」，在相對論的範疇內，值得再做些解釋。

　　平面上的旋轉或時空中的羅倫茲轉換共享有一便利的性質，即向量的分量，譬如 w 及 x 分量，以線性的關係彼此轉換。新分量 w 及 x 是舊分量 w' 及 x' 的線性組合——且反之亦然：這是轉換本身，非某特別向量的特性。假如轉換牽涉到舊分量的平方或另一函數，則它就不是線性的。在相對論的範疇裡，我們已經碰過一個十分非線性的轉換。想一下：從以速度參數 β_2 運動的參

考系觀點，速度參數 β_1 如何轉換；結果是愛因斯坦的速度加法公式，$\beta = (\beta_1 + \beta_2)/(1 + \beta_1\beta_2)$。我已經在 49 頁指出愛因斯坦的加法公式是非線性的，與牛頓的加法公式 $(\beta = \beta_1 + \beta_2)$ 不同。

為什麼要在線性／非線性上如此小題大作？當然，非線性使得生活比較複雜。但只要有公式可套用，誰管它呢？在我們現在享福的日子裡，畢竟我們可以要電腦為我們執行令人討厭的計算。它也高興這樣做！這些都對。但為何我們喜歡保持線性，其實卻有一個重要的物理的理由。這也是為何在下一章我們要再回到物理，討論像動量及能量的熟悉觀念。

6. 能量與動量

一旦我們接受我們的極限，我們就超越它們。

運動的粒子

我們現在要談運動粒子的動量觀念，並且特別針對其在牛頓力學理論及特殊相對論間的不同。

在牛頓力學中，粒子的的運動狀態是用它的質量 m 及速度 v 或動量 $p = mv$ 來描述。牛頓基本上看到力引起一正比的加速度 a，而正比常數就定義爲其慣性質量 m。他著名的力的定律 $F = ma$ 基本上陳述的是力等於動量的改變（每單位時間）。速度及動量是向量（就如力及加速度一樣），它們有方向及長度。在三維世界裡，我們將向量想成沿 x-, y-, 及 z- 軸有三個分量。在我們只含一維空間度像玩具的世界裡，我們只能指向正或負的方向。

到現在，應該清楚了，在相對論中，空間與時間以一種根本的方法混在一起。這意味著我們不能期待傳統只有空間分量的牛頓速度或動量向量可以直接被採納到相對論中。我們應該尋找有時間分量的動量向量；讓我們可以定義時空的動量向量，一如時空中可作羅倫茲轉換或伽利略轉換的位置向量 (x, t) 一樣。爲使討論盡可能透明清楚，我將同時兩者並行。

先以一靜止不動的粒子開始。我們自問在一運動參考系裡，它如何被看待。右頁的圖，描繪牛頓（或伽利略）的情況。上圖以兩個運動（在某一瞬間）參數、質量及動量，描述粒子的狀態。沿鉛垂軸，我們標示 mc（質量參數），沿水平軸，我們標示動量 $p = mv = \beta mc$。假如我們先看粒子不動（所以 $p = 0$）的情形，其狀態以沿鉛垂軸的箭線代表。我們在同圖中，也有繪一紅

84

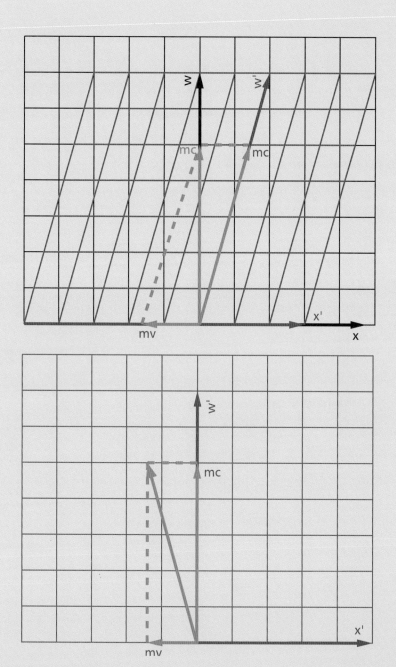

參考系，對應於以速度 v 運動的牛頓觀測者。對於這觀測者，粒子以 $-v$ 速度運動，所以粒子的動量為 $-mv$。使參考系的圖看起來與座標 (w, x) 圖完全一樣非常重要。原因是它們在伽利略轉換之下的轉換關係完全相同：對於時空座標的位置向量 (w, x)，我們有 $w = w'$ 與 $x' = x - vt = x - \beta w$，而對於時空動量向量 (mc, p)，我們有 $(mc)' = mc$（因為質量不變）與 $p' = p - mv = p - \beta mc = -\beta mc$。運動的參考系裡，代表粒子的向量顯示在前頁的下圖。為了讓觀念上的不同益加清晰，接下來我們將用相對論的情況做同樣的練習。

同樣地，先以靜止不動的粒子開始（上圖）；在靜止座標裡，這向量可以賦予時間分量等於 mc 及動量分量 $p = 0$。然後，我們要知道在紅參考系裡其分量的大小。我們可用羅倫茲轉換，或從圖讀出，即 $(mc)' = \gamma mc$ 及 $p' = -\beta \gamma mc$，因為紅參考系尺寸須以 γ 因子重調。運動參考系裡的情況描繪在下圖，其中，我們看到相對性的時空動量向量的空間分量為 $-\beta \gamma mc$ 與時間分量為 γmc。 整體來講，這與牛頓結果有一顯著的差異，主要在於尺寸重調因子 γ。它表示當運動參考系的速度趨近於 c 時，動量向量的空間與時間分量二者都趨向無窮大。這也可從上圖看出：因分量愈接近於互相平行。在這兒，也許沉思一下光的性質會是很有啟發性的。

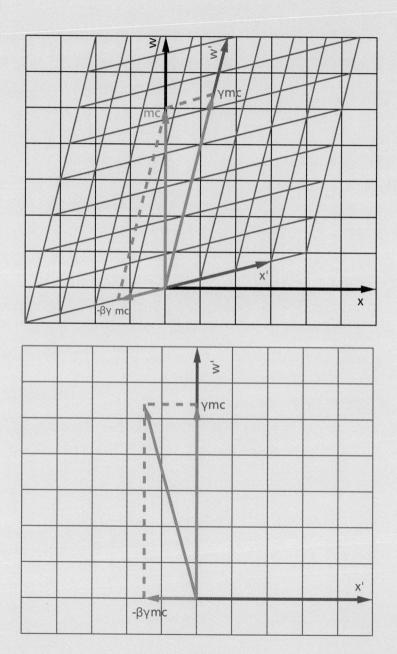

光子或光的粒子，依其定義，當以光速行進，所以它的時空動量是指向沿著像光的世界線，而且對每一觀測者而言，有相等的空間及時間分量。馬克士威爾的電磁理論告訴我們，光帶有能量及動量，而它們的比例是一個宇宙性的常數。這比例就是對所有觀測者都一樣的光速：$E/p = c$。這些說明意味時空動量向量的時間分量應該就是 E/c。光子以光速前行，但即使如此，它的動量及能量是有限的，與前面討論過的有質量的粒子不同。光子的能量—動量向量如圖中的黃色箭線。注意圖中一個獨特點，就是所有參考系內的分量都落在垂直於向量的線上。

　　與有質量粒子的動量會不斷地增加不同，光的行為中規中矩。瞭解光的兩個分量在 γ 為無窮大時，能保持有限的唯一方法是令其質量為零，以致我們可將此似乎定義得有些問題的量 γmc，易以毫無問題的 E/c。這樣處理，光子被視為沒有質量的粒子，它就被完美地套進理論了。

　　腦力激盪題：假如在靜止參考系光子的能量為 E，證明在運動參考系，它等於 $E' = (1 - \beta)\, \gamma E$。用右圖與對能量—動量向量 $(E/c, p) = (E/c, E/c)$ 作羅倫茲轉換的方法證明。將之與 58 頁都卜勒效應的結果比較。

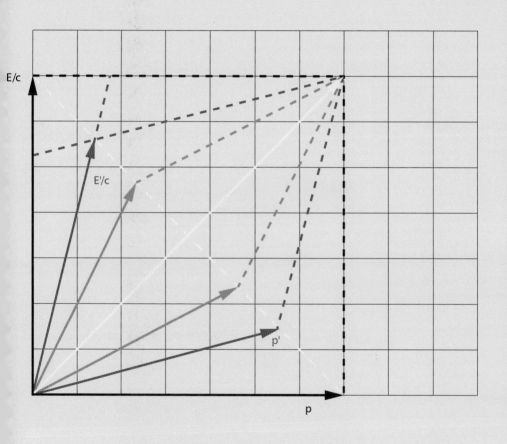

E/c

E'/c

p'

p

89

$E = mc^2$

　　在前一節，我們介紹有質量粒子的「時空」動量向量 (γmc, $\beta \gamma mc$)，發現它從不同參考系之間的相對論轉換，自然地應運而生。假如將動量向量指定為 (E/c, p)，而 $E/c = \pm p$ 的話，這樣的觀點也可包含光子。

　　因為在 $\beta = v/c \rightarrow 0$ 的極限，$\gamma \rightarrow 1$，因此 (γmc, $\beta \gamma mc$) $\rightarrow$ (mc, βmc)，所以，有質量粒子的空間分量 $\beta \gamma mc$ 應該視為它們的物理動量 p。以此觀點，γm 這個量自然得到相對論中一般化質量 m 的物理解釋，而這也就是愛因斯坦所建議的。他定義相對論質量為 $m_{rel} = \gamma m$（你可看到它隨速度而變）。將之與光子的時間分量一比，我們達到愛因斯坦在 1905 年推出令人震驚的結論，即 $E = mc^2$。這就是有名的──因其簡單、有力、優美而名滿天下的──質量與能量等價的式子。

　　要瞭解為何能量─動量向量的時間分量是對應於有質量粒子的相對論能量，只要看一下其低速度時的近似式就會明朗許多。假如 β 很小，將 γ 近似展開，則

$$m\gamma = \frac{m}{\sqrt{1 - \beta^2}} \cong m + \frac{1}{2}m\beta^2 + \cdots$$

　　右邊第一項，如所預期的，為質量。因為 β 很小的假設，第二項包含 β^2 與跟著的點點表示包含更高冪次的 β 項，可以被忽略掉。事實上，第二項也可寫成 $1/2mv^2/c^2$（除了多一 c^2 的因子）正是牛頓理論中質量為 m，速度為 v 的粒子的動能表式。所

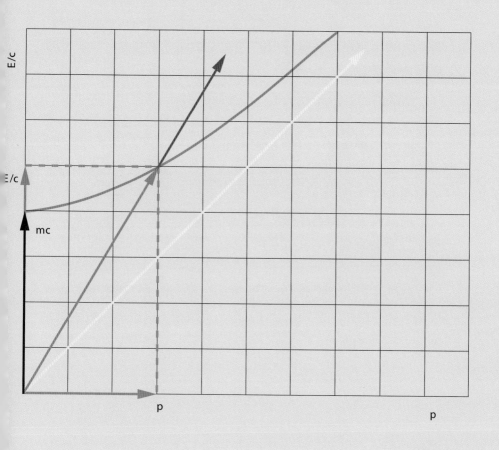

以我們發現粒子的相對論質量，在相當低速時，可以近似為牛頓質量與動能除 c^2 之和。相對論動量向量的時間分量確實與粒子的能量糾纏起來，遂合而有能量—動量向量之稱。

我發現只要利用前後一致的基礎推理，就可導致像「質量不過是能量的一種形式」這樣的革命性內容，實令人感覺興奮。一公克的任何物質對應於 10^{17} 焦耳，可與在廣島爆炸的原子彈能量相比擬。

當談到前述的式子，今天的物理學家比較喜歡用稍微不同的術語。他們會談靜止質量 m，一不變值，對應於相對論動量向量 (E, pc) 的不變長度。用式子來解釋為：$E^2 - p^2c^2 = m^2c^4$。此式也可適用在光子，以及其他無質量的粒子上：假如我們設 $m = 0$，它正確地導致 $E = \pm pc$。

前頁將不同參考系裡的能量與動量的特徵美妙地濃縮在圖裡。注意此圖與 79 頁有關相對論位置向量 (w, x) 的圖非常像。

我們在下一章將審視倍受珍愛的能量—動量守恆定律，並考慮兩個碰撞粒子的系統。若你喜歡，可跳過，直接進入討論加速觀測者的第 8 章。

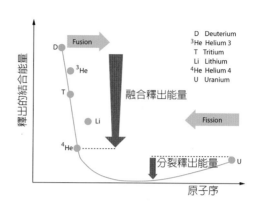

融合與分裂

　　被精簡地表示在 $E = mc^2$ 式裡質量與能量之等價關係有驚人的應用價值。在核子融合及分裂的領域，表現最為突出。原子核是由含一定數目的質子及中子緊密結合的系統。因為這些「核粒子」藉由強作用力綁在一起，每一原子核有一單位核粒子的特性結合能量。圖中顯示每單位核粒子的結合能量與全部核粒子數或原子數的函數關係。圖靠左側，我們看到小原子數的原子核，可經由融合達到較穩定的組合，降低每單位核粒子的結合能量，譬如：$D + T \rightarrow He + n +$ 能量。反應前後結合能量的差異被釋放出來，其量通常比基本化學反應大了百萬倍。在質量尺寸的另一端，譬如鈾，可能不穩定而衰變為較低質量的原子核，由此產生能量。這種分裂過程是我們現在核子反應爐的工作原理。長期來看，融合反應爐預期在技術上也將是可行的，基於安全及輻射垃圾管理的觀點，將是比較被喜愛的能源選擇。更因融合的原料幾乎可以無限量地便宜取得，這也許是解決未來全球能量需求的終極辦法。

7. 守恆定律

質量守恆定律失掉它的主權而被併吞到能量守恆定律裡。

全部動量

假如在某些過程中，某量不變，我們稱之遵循某守恆定律。在電路裡，電荷自由移動，但不會失落。假如我們燃燒東西，Lavoisier 定律[1]告訴我們，在封閉系統的全部質量不會改變。在一棟建築裡，人們到處走動，但建築裡的全部人數不會改變（當然除非正好有人臨盆生育）。這裡我們將從相對論的觀點聚焦來看，在牛頓粒子動力學裡成立的質量、動量與能量的守恆定律。

為瞭解牛頓力學中的動量守恆，我們首先看最簡單的情形：一顆不受力的粒子。當我們應用牛頓第二定律 $F = ma$ 於此系統，並設 $F = 0$，質量與加速度的乘積消失：$ma = 0$。因為力等於每單位時間動量的改變，我們可下結論，當沒有力施加在粒子時，它的動量是守恆的。下一步是考慮含兩碰撞粒子的系統。雖然粒子在碰撞時彼此施力，但並無外力。因為整體而言，無外力作用在系統上，全部動量——就是粒子各自動量的和——守恆。

其次，我們先用圖解來表示碰撞前的情況。在前一頁圖中，我們將進來各自的動量向量及它們的和，即全部進來的動量向量 p，用前面解說過的形態畫出。它的時間分量是質量的和，也就是系統的全部質量。在我們現在討論的類似於（一維）撞球檯上，質量是守恆的。注意粒子 1 有最大的速度，所以它最好是在粒子 2 的左邊，否則將無碰撞發生。

譯註[1] Antoine Lavoisier，1743-1789，法國化學家，被尊為近代化學之父。

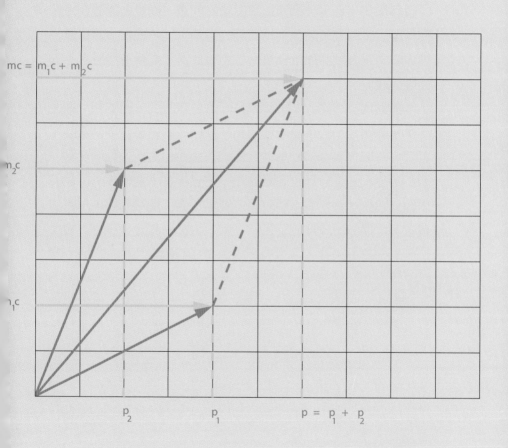

全部動量向量可以有一直接的物理解釋：它代表兩顆碰撞後的粒子黏在一起，以質量爲 $m = m_1 + m_2$，動量爲 p 向前繼續運動。此稱爲完全非彈性碰撞，因爲後面很快就會明白，動量及質量守恆，但能量（動能）沒有守恆。

因爲從前一章，我們知道相對論的能量—動量向量看起來像什麼，所以將右圖一般化到相對論的情形，並不困難。將質量分量換成隨動量改變的能量分量，我們因此得到動量寄居於其上的特性雙曲線。

全部動量的時間分量是兩顆粒子的各自時間分量的和：即全部能量是兩顆粒子的各自能量的和。然而，依附於全部動量的不變質量——即代表全部動量最上面那道雙曲線與能量軸的交點——卻不等於粒子各自靜止質量的和——它事實上比較大。可能的例子像一顆粒子衰變爲兩顆較輕的粒子。全部能量守恆，但質量沒有：有一部份轉成動能了。

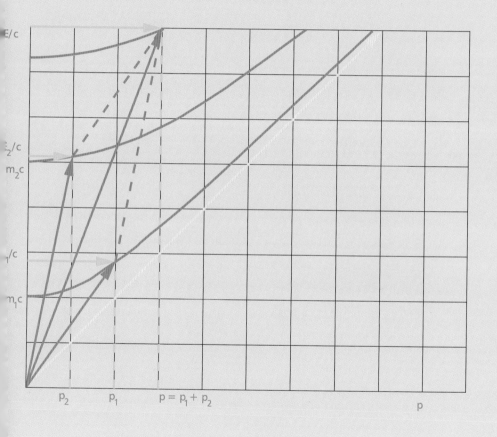

運動參考系的動量

我們在 85 頁的圖中,將質量參數當作動量的時間分量,這不是任何古典力學的標準處理辦法。但它對觀察古典力學與相對論力學之間的基本歧異處卻是相當有用。在我們進入動量守恆的討論之前,讓我們先以一速度為 u 的運動參考系來看兩顆碰撞粒子的情況。在牛頓力學裡,我們需要做的,不過就是對所有的速度執行伽利略轉換,然後看動量如何改變就好了。粒子的速度將依照下式改變,$v' = v - u$,因此,$p' = p - mu$。圖片顯示從運動(牛頓)觀測者的觀點看到的效應。從圖中我們看到動量的改變可很容易判讀出來。運動觀測者的紅線與在時空圖[①]中有的一樣。看一下藍箭線,從圖很顯然可以知道,在運動參考系裡,全部動量就是二粒子動量的和。畢竟參考系的改變不會影響質量,箭頭可以作通常性的相加。

我們有選擇任一參考系的自由,這准許我們採用一特別方便的參考系來作分析。這樣的參考系稱為「零動量參考系」:在此參考系中,系統的全部動量空間分量為零。這是當圖中紅線與全部動量的箭頭重疊時的參考系。要看在這樣的參考系中情況到底又如何,我們將進到下一圖。

譯註[①] 指相對論的時空圖。

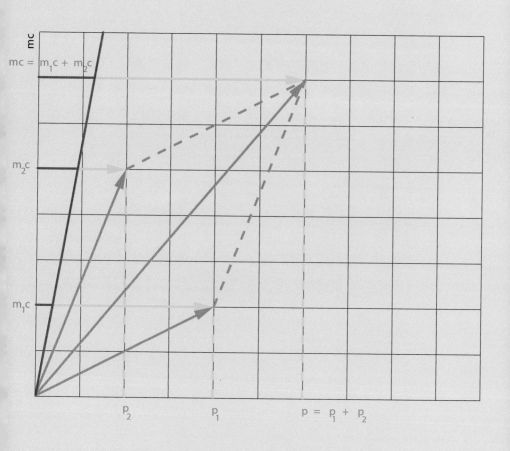

能量與動量守恆

圖中我們看到前面談到的碰撞實驗中進來及離去（即碰撞前後）的動量向量（實箭線 p_1 及 p_2 與虛箭線 P_1 及 P_2）。在零動量參考系中，進來的全部空間動量 p 為零，而時間分量為質量之和。注意在此參考系中，其中一粒子向右運動，而另一粒子向左運動。動量守恆的陳述說全部動量在碰撞前後必須相同，因此空間分量必須保持 $p = P = 0$，而垂直分量應還是質量之和 $mc = m_1c + m_2c$。動量守恆的限制，換句話說，就是碰撞前後的水平分量必須反向且相等，而我們也畫出其中的一個特別情況。假如我們將此圖與前圖合起來，顯然如果動量守恆在一牛頓參考系中成立，它在任何其他參考系中也成立，除了要繪出代表其相對速度的紅線。

注意動量守恆只將離去粒子的動量和固定，但並不將各粒子的動量完全定下來。在一維空間的情形，需要在多一個條件才能定下它們——譬如能量守恆，我們將在不久回到這個主題。

你可能在猜疑為什麼花費這麼多精力在動量守恆這個題目之上。回答是：我們為了要瞭解不以牛頓的觀點，而以愛因斯坦的看法，在可以互相轉換的參考系中，到底這些簡單的圖案會變成什麼。

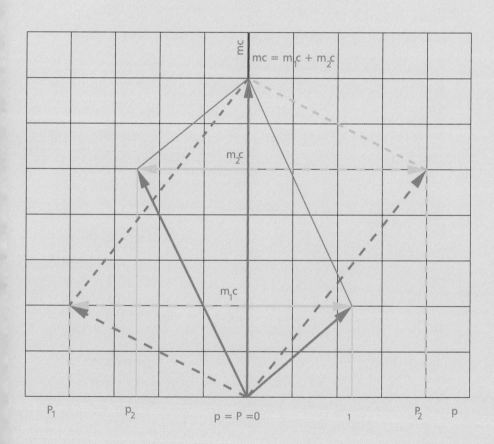

能量與動量守恆

　　假如我們以羅倫茲轉換取代伽利略轉換，會變成怎樣。喔，整件事會垮掉，因為簡單的速度轉換式，會從 $v' = v - u$ 變成愛因斯坦公式 $v' = (v - u)/(1 - vu/c^2)$。這轉換十分非線性，使轉換前後的動量不同。假如我們採取牛頓的動量定義，然後對它執行羅倫茲轉換，將會得到對所有觀測者的動量不守恆的悽慘結果。所以愛因斯坦面對一簡單的選擇：放棄動量守恆的神聖定律或者重新定義動量。就像我們在前一章看到的，他選擇後者。這是有極重要含意的選擇，其結果也得到實驗的支持。已將空間及時間的觀念拉在一起，他現在需要做的是對能量及動量做同樣的事。

　　另外一個在物理學領域內，廣受珍愛的守恆律，就是能量守恆。讓我們簡單回憶一下，在牛頓的架構裡，它是什麼意思。假如我們看兩顆撞球的碰撞，此種碰撞是（幾乎）「彈性」的，也就是二球的全部動能（移動的能量）是嚴格的守恆。一物體的動能 E 與速度（或動量）成二次方關係，亦即對球 1 而言，$E_1 = 1/2m_1v_1^2 = p_1^2/2m$。畫 E_1 與 p_1 的函數關係，得如圖所示的虛拋物曲線。

　　假如我們代之以二黏土球碰撞，很清楚地，它們將黏在一起，而在碰撞後，二者繼續以相同速度移動：$v_1' = v_2'$。在零動量參考系中，此速度為零，所有動能都消失了。這樣的碰撞稱為完全非彈性。想像在這兩個極端之間的很多情況並不難。事實上，在非彈性的碰撞裡，能量並非真的消失：它乃轉為球內部分子的運動，使之熱起來，或永遠變形，轉為內部能量。

　　前頁圖中，我們將粒子的動量放在水平軸，對應的能量放在鉛垂軸。在零動量參考系中，你可看到能量（E_1 及 E_2）如何隨粒子各自的動量而變（全部動量向量沿時間軸指向，且 $p_1 =$

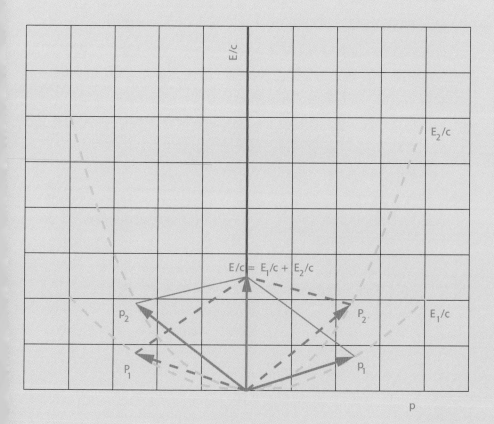

－ p_2）。二進來粒子的能量—動量向量以實箭線代表，而離去粒子的以虛箭線代表。依照牛頓所述，全部動能可由各自對應的動能加起來，或將進來或離去的向量相加而求得。圖中我們顯示的是完全彈性碰撞，即碰撞前後的全部能量相等。從圖中可立即清楚，（在一維空間）唯一的解答是這樣的情況：粒子彼此交換動量，所以，$P_1 = p_2 = -p_1$ 及 $P_2 = p_1 = -p_2$。這是爲什麼圖中的兩個 E_1 曲線重疊，正如 E_2 的曲線一樣。

能量—動量的守恆是古典動量、質量及能量守恆律的相對論等價定律。因爲質量只是相對論能的一部份，顯然質量已不能再獨立守恆。我們將達到如右圖的單一相對論圖案。你可以看到，當動量小時，此圖可近似爲前面 101 及 103 頁二個的非相對論圖案的「相加」——莊嚴簡單的合成。

腦力激盪題：π 介子（pion）是一質量爲電子質量 273 倍的粒子。它不穩定：衰變爲質量爲電子質量 207 倍的 μ 介子，及質量可幾乎忽略的反微中子（antineutrino）。繪出在 π 介子靜止參考系看到的衰變反應的能量—動量圖案。喜歡運算的讀者可用能量—動量守恆計算二衰變出來的粒子能量。

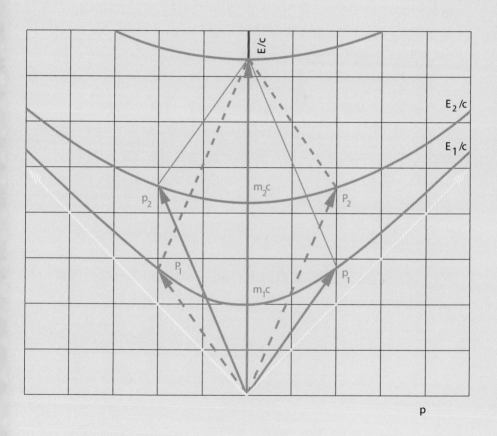

大碰撞加速器

　　世界上有些地方，相對論是麵包奶油的生計之事。在美國、歐洲及日本，建有大的加速器，用以加速基本粒子達到特別高的能量，也就是使其速度十分接近光速。加速器共同的設計都有一圓環，粒子於其中加速且「儲存」。通常兩束含有相同質量及常常是相反電價的粒子，在相反方向環繞。因為於此兩束中的粒子動量相等而異向，實驗室就正好是一個零動量參考系。讓粒子在某種作用力範圍內作頭碰頭的碰撞，可以釋放出巨大的能量，借之並轉為諸如非常重的粒子之類的新型物質。舉例來說，物理學家希望找出迄今為止仍然是假說性的希格斯（Higgs）粒子[①]。

　　在 2007/2008 年，建於瑞士日內瓦加速器實驗室 CERN，曾被建造過的最大加速器，即大強子碰撞器（Large Hadron Collider, LHC），將開始運作[②]。它有 27 公里的圓周，可以將質子加速到其質量 7,000 倍的能量，也就是 $E = \gamma mc^2 = 7,000 \ mc^2$。所以，$\gamma = 7 \times 10^3$，用 γ 的定義，可以簡單算出 β 大概等於 $1 - 10^{-8} = 0.99999999$。因此，這些質子的速度非常驚人地接近光速。這遠超出直至現在為止我們畫過的所有圖的尺寸。用前一頁的圖來說，將只有一個代表一對碰撞質子的雙曲線，因為它們有巨大而相反方向的動量。點 E 位在比雙曲線與鉛垂軸交點處更高的 14,000 倍的地方！一個極度相對論的狀況。

譯註[①] 此理論粒子及其場可解釋基本粒子為什麼具有質量。

　　　[②] 由於工程技術碰到一些困難，LHC 迄今（2009/7）尚未真正開始運作。

超光子

在第 3 章我們討論過粒子不能以比光速快的速度運動,這可解救神聖的因果律觀念。但仍然有人會問,以前置性假設的方法引進大於光速的粒子,是否可被允許。這種假設性的粒子稱為超光子(Tachyons),而對這種粒子相對論怎麼說,可從時空圖案立即得到瞭解。從相對論來說,超光子是一具有負質量平方 $m^2 = -\mu^2$ 及像空間的能量—動量向量的粒子。它的不變能量—動量關係讀如 $E^2 + \mu^2 c^4 = p^2 c^2$,而其在 (E, pc) 平面對應的曲線為一如 75 頁之圖所示的像時間的雙曲線(穿過 x- 或 p- 軸)。觀察在此曲線上所有點的動量都大於或等於 μc,換句話說,v 絕不小於 c。對其他的觀測者,超光子的能量—動量向量在整個雙曲線上移動,因此我們必須接受負能量的狀態。結論是相對論並不排除超光子的存在,但是它們如能與一般的物質作用,它們以超過光速運動的事實將造成因果律的崩潰,同時負能量狀態也引起物質的不穩定。令人安慰的是,迄今為止,它們僅見於科幻小說之中。

腦力激盪題:假設超光子的確存在,且能與通常的物質作用。利用類似 105 頁上的圖案,結合像空間及像時間雙曲線上的能量—動量向量,證明全部能量—動量守恆准許一通常粒子會放射一超光子的過程。但這樣的過程並不准許放射出一般的粒子或光子。這顯示超光子會造成物質的不穩定——這可作為反對它存在的有力主張。

8. 超越特殊相對論

重要的事是切莫停止追問。

張力

　　在精通了一些狹義相對論之後，我們現在準備好了接受另一探討以不是常速度運動觀測者的挑戰。想像有二艘太空船，阿波羅及史普尼克，其中之一緊跟著另一個。它們以相同速度前進，所以彼此為相對靜止。在它們之間，繫有一緊繃而沒有彈性的繩索。飛行駕駛同意在一預定的時間，都以同一速率加速。假如他們在同一時間做這件事，你可能會想繩索什麼事也不會發生。然而，與你所期待的大為相左，奇怪的事情卻會發生。

　　再一次用時空圖案分析問題是有助益的。圖中將問題的情況以算是理想的形式繪出。首先，我們看到 A 及 S（相對於一方便選取的參考系）是靜止的；然後，在時間 w_0 它們都改變速度。從跟著運動的紅參考系來看，二太空船間的距離，先是對應於標示為 1 的雙箭線，它同時也就是此參考系看到的繩索的長度。因 S 先啟動，距離增加到標示為 2 的較長的雙箭線。然而，繩索在靜止參考系（即紅參考系），因為沒有彈性，保持相同長度 1，因此將斷裂。對不跟著運動的黑參考系而言，二太空船確實在同一時間改變速度，它們之間的距離也確實保持不變（圖中的黑箭線），但一旦運動，繩索將產生羅倫茲收縮。對長度為 1 的運動繩索，在靜止黑參考系裡，將收縮為黑虛箭線。靜止觀測者以此作為解釋繩索斷裂的原因。

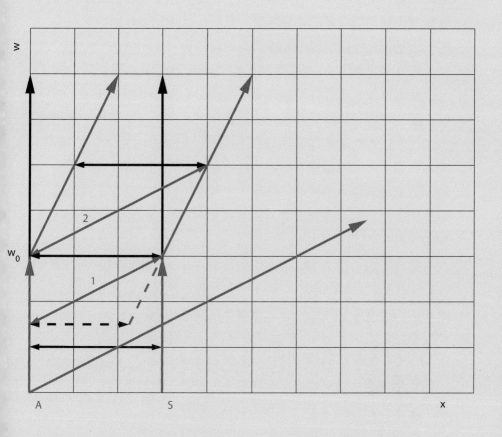

有地平線的加速度觀測者

我們幾乎走到故事的快樂結尾。在此我必須告訴你，發表特殊相對論論文之後，愛因斯坦保持了幾年沉默，然後回來發表另一篇震撼世界、稱爲一般相對論的論文。在該篇論文裡，他說明他的相對論觀點如何可以一般化到彼此以任意（變化速度）相對運動的觀測者的情況。換句話說，它將羅倫茲不變的想法延伸到在任意座標轉換之下的不變觀念。結果，此理論成爲新的重力理論，且被視爲所有科學中最偉大的成就之一。

在此將考慮以加速度觀測者的角度，淺顯地只觸及到它的一些基本面貌。不是任何觀測者：我們只選擇一特別的例子，就是在圖中世界線爲紅雙曲線的旅行者。它事實上不是別的，就是我們在 75 頁討論過的像時間的雙曲線。清楚地，此旅行者（假設爲「她」）的前行速度穩定地持續增加。我們看到在時間很大時，她的速度趨近於光速，其時，加速度則持續下降。在其世界線上的任何一點，她的參考系以經過原點到她的位置之射線爲空間軸，與在她的位置對雙曲線的切線爲時間軸（除了在原點，沒有畫出）而形成。因此，速度參數 $\beta = v/c$ 隨時間而變：$\beta = \beta(w)$。因爲速度參數是靜止參考系及運動參考系二軸之間夾角的正切函數，我們立即可以得到結論，在世界線上點 (w, x) 時，我們的觀測者之 $\beta = w/x$。將此結果與像時間雙曲線的定義，$x^2 - w^2 = s^2$ 連結起來，我們立即得到 $\beta = w/(w^2 + s^2)^{1/2}$，此式顯示當 w 趨近於無窮大時，β 確實趨近於 1。我們同時可導出尺寸重調因子 γ 等於 $\gamma = 1/(1 - \beta^2)^{1/2} = 1/s\,(w^2 + s^2)^{1/2}$。

明顯地，我們的觀測者是在一特別的狀況。其所以特別，最容易的方法是從相對論的力定律（$F = dp/dt = dpc/dw = d\,(\beta\gamma mc^2)/dw$）看出來。其中，$p$ 是相對論動量。在此狀況，計算變成極

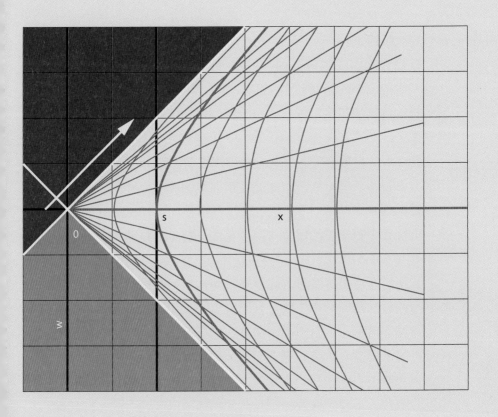

度的簡單，因為將前面得到的 β 及 γ 的值代入，我們得到動量是 $\beta\gamma mc = wmc/s$，不過是乘以一固定常數的 w。動量隨 β 線性增加 的事實意味力 F 是一個常值：$F = mc^2/s$，與 w 完全無關。結論優 美而簡單：一像時間的雙曲線對應於受一常力的觀測者走出的世 界線！刻劃雙曲線的特性參數 s，其 $s = mc^2/F$，基本上是被力對 質量的比所固定。

有關我們描述情況最典型的物理範例，是行走於一常電場 （沿 x 方向）中的帶電粒子。在相對論中，常力並不導致常加速 度，因為質量並不是常數，而是隨速度增加，致使速度永不會超 過光速。

觀測者，根據定義在其自己的參考系裡是靜止的，如何感受 這常力？對她而言，情況有如站在正在加速的電梯裡面，而她將 之解釋為受到一種萬有引力（即重力），因為向上加速令你覺得更 重。這裡我們對一般相對論作出了驚鴻一瞥；這是基於加速觀測 者與重力場，或換個說法，慣性質量與重力質量之間的等價原理。

利用前面章節逐步建立起來的幾何知識，我們找到了對於像 時間雙曲線的物理解釋。現在我們應再一次仔細看看圖案，因為 其中還儲存著驚奇。對那些留在靜止參考系裡，也就是對應於純 粹垂直的世界線之所有觀測者而言，到底發生或看到了什麼？我 們可以想像他們與我們的旅行者不斷交換訊息，以保持她對故里 現況的瞭解。讓我們假設他們有產生訊號（以光速行進）的無線 電通訊設備。我們可看到從一靜止觀測者（譬如沿垂直向上 $x = s$ 的黑線移動者）發出的訊號，直到他「進入」黑暗區域（於 $w = s$）之前，將毫無問題地可以達到旅行者。但從那一刻開始（即

「進入」黑暗區域時），無論經過多長的時間之後，他的訊息也都不能送達她處。在黑暗區域裡面所有事件的未來光錐都全部藏匿於黑暗區域裡面。在另一方面，旅行者送出的訊息在任何時間都毫無問題地可以送達留在故里的他。這戲劇性的現象是牽涉到加速觀測者的典型狀況。時空會分成獨特的區域，其間被所謂的事件地平線（event horizon）隔開。在其外面的旅行者將永遠無法知道在此地平線後面發生的事件，對她而言，那些事件將永藏於黑暗區域之內。圖同時也顯示位於過去藍色區域包含不可能被旅行者影響的事件，它是位於旅行者世界線上所有點的未來光錐之外的一個區域。

　　這些例子是所謂彎曲時空幾何，也包括黑洞，令人覺得心慌的物理學中一些相當無害的前奏曲。它花費愛因斯坦大約十年的時間，直到 1915 年才完成第二部經典鉅作：一般相對論——物理學歷史上最偉大的智慧結晶之一。即使如何加以淡化，令人驚訝的是，儘管愛因斯坦確實也有獲得諾貝爾獎（在 1921 年），但並非因他的相對論而得獎。這真是諾貝爾獎的相對論！然而，即使沒有諾貝爾獎，愛因斯坦仍以自有歷史以來，被視為最聰穎、最有創造力與最無懼的科學家，而傲視群倫。

結　語

我們現在重要的問題，是不能用創造它們相同層次的思考來加以解決。

　　我們經過時空景觀的目視旅程，終於告一段落；它幫助我們對年輕愛因斯坦的洞見作近距離的觀察。不是很了不起嗎？以基本的推理，小心翼翼地進展，竟能夠推導出這樣背離直覺、對物理現實的徹底創新詮釋？我們始終強調利用幾何的，而非代數的演繹，前後一致地將我們的解釋放在時空圖案的畫框裡。這讓我們能夠迎擊幾個有名的詭論，有時還達到驚奇的解套之道。如果這方法能讓你分享到相對論提出的對自然更深刻的觀點，那就達到了我們的目的。其實，幾何方法之所以如此管用並非偶然，因為相對論將物理學中的一大部份推入了幾何的舞台，雖然是一種比古人所能夢想到的還要更一般性的幾何。

　　特殊相對論乃根植於從羅倫茲到馬克士威爾約於 1865 年完成的有關電磁學理論的工作。你也許會猜疑在相對論裡的電磁現象到底會變成怎樣。馬克士威爾理論被建構時，即已具有羅倫茲不變性，所以它所提供的對電磁現象的描述當然也一樣。而如果考察一下不同觀測者所看到的諸如電及磁場到底是什麼，也還是饒有趣味的問題。但因那需要相當多有關電磁學方面的知識，我一直避免討論這方面的題目。

　　在完成他的相對論之後，愛因斯坦的興趣轉移到其他的科學問題。如我們前面提過的，後來他才又回到相對論，努力錘鍊他最終完成於 1915 年的一般性理論。在此理論中，本書所一直關心的平直時空觀念，更進一步地被一般化到彎曲的時空。慣性參考系的等價關係被延伸到任意參考系。在羅倫茲轉換之下的不變

性被擴充到在一般座標轉換之下的不變性。這偉大的理論引進一個澈底全新的解釋：將重力視為彎曲時空的表徵。它建議幾個令人驚訝的新物理效應的存在，同時被實驗證實了。最戲劇性的預測可能是膨脹宇宙、黑洞及滲透進入所有空間的一宇宙常數或非零的真空能量的存在。

相對論強調瞭解我們的知覺並非絕對的重要性。在我們的旅程中，我們已經放棄時間、空間、質量與能量的絕對觀念。然而觀點隨觀測者而變並非是完全任意，它不是像我們說「品味不同」時的那種主觀。相對論提供我們一種在主觀之間的共同性認知——它是超越單一觀測者，而對所有觀測者的集合都站得住的觀點。在這樣的意義上，相對論表現出深刻的宇宙性。

在愛因斯坦的突破之後沒多久，物理學的基石再度因量子理論的提出而劇烈搖撼。令人驚訝地，在那牛頓物理學的大修正中，觀測者的角色及測量的活動失掉其更多客觀的意義，竟致在愛因斯坦的理論中還可成立的主客觀嚴格分離一事，也必須被迫放棄。近代物理學的基礎——相對論及量子理論——對科學及知識的哲學有深沉而持久的衝擊。它們代表我們在思維上的重要轉捩點，這無法從一般的考量或哲學的追究就猜想得到：必須去十分細節地研習真正的物理學，就像第二十世紀前四分之一年代的那些巨人們所做的一樣。

關於基本定律的科學探索，愛因斯坦說：「導致這些基本定律並無邏輯之路，只有建立於創意及經驗上的直覺一途。」他也機靈地觀察到：「因為方法論上的不確定，人們可能以為任意數目的同等正確系統是可能的。然而，歷史顯示，在所有可能的構造中，總是只有一個絕對超越其他所有的，才會與眾不同地凸顯

出來。」

用我們非常特殊的方法去重循愛因斯坦的腳步，希望這讓你作為進入陌生深邃知識領域第一人的興奮與值回票價之感。即使在今日，自然廣大但隱藏著的荒漠仍留待開發。我只能希望在即將到來的世代，很多人有靈感及勇氣能更進一步去開拓這被稱為自然廣大且充滿秘密的荒漠之核心。

參考文獻

愛因斯坦有關特殊相對論的原始論文：

- Einstein, A., 'Zur Elektrodynamik bewegter Keorper', *Annalen der Physik* 17, pp. 891-921, 1905.
- Einstein, A., 'Ist die Tragheit eines Korpers von seinem Energieinhalt abhangig?', *Annalen der Physik* 18, pp. 639-641, 1905.

所有他 1905 論文的英文翻譯並附有一引言的書：

- Stachel, J. (ed), *Einstein's miraculous year: five papers that changed the face of physics*, Princeton University Press, 2005.

愛因斯坦自己有關相對論相對可讀的解說：

- Einstein, A., *Relativity*, Prometheus Books, 1995 (1st edition 1916).
- Einstein, A., *The Principle of Relativity*, Dover, 1952.

底下是許多有關相對論入門書的一些精選：

- Bondi, H., *Relativity and Common Sense: A New Approach to Einstein*, Dover, 1980.
- French, A.P., *Special Relativity*, Norton, 1968.
- Mermin, N.D., *It's About Time, Understanding Einstein's Relativity*, Princeton University Press, 2005.
- Moller, Christian, *The Theory of Relativity*, Clarendon Presee, 1972 (original 1952).
- Resnick, R., *Introduction to Special Relativity*, Wiley, 1968.
- Synge, J.L., *Relativity: The Special Theory*, North-Holland, 1956.
- Taylor, E.F.& J. A. Wheeler, *Spacetime Physics - Introduction to Special Relativity*, Freeman, 1992.

索引

最重要的頁碼示以粗體字

國家圖書館出版品預行編目資料

圖解愛因斯坦相對論／Sander Bais著;
傅寬裕譯. －－初版.－－臺北市：五南,
2009.07
　面；　公分.
參考書目：面
譯自：Very special relativity: an
illustrated guide
ISBN 978-957-11-5670-5（平裝）
1.相對論
331.2　　　　　　　　　98009620

5BD8

圖解愛因斯坦相對論
Very Special Relativity: An Illustrated Guide

作　　　者	Sander Bais
譯　　　者	傅寬裕
發 行 人	楊榮川
總 編 輯	王翠華
編　　　輯	王者香
文字校對	石曉蓉
封面設計	簡愷立

出 版 者 — 五南圖書出版股份有限公司
地　　　址：106台北市大安區和平東路二段339號4樓
電　　　話：(02)2705-5066　　傳　真：(02)2706-6100
網　　　址：http://www.wunan.com.tw
電子郵件：wunan@wunan.com.tw
劃撥帳號：01068953
戶　　　名：五南圖書出版股份有限公司
台中市駐區辦公室/台中市中區中山路6號
電　　　話：(04)2223-0891　　傳　真：(04)2223-3549
高雄市駐區辦公室/高雄市新興區中山一路290號
電　　　話：(07)2358-702　　傳　真：(07)2350-236
法律顧問　林勝安律師事務所　林勝安律師
出版日期　2009年8月初版一刷
　　　　　2015年1月初版二刷
定　　　價　新臺幣250元